我们一起解决问题

情绪钝感力

不要什么都往心里去

[日]加藤谛三 著
杨本明 汤尔昊 译

人民邮电出版社
北 京

图书在版编目（C I P）数据

情绪钝感力 ： 不要什么都往心里去 / （日） 加藤谛三著 ； 杨本明, 汤尔昊译. -- 北京 ： 人民邮电出版社, 2022.8
ISBN 978-7-115-59045-9

Ⅰ. ①情… Ⅱ. ①加… ②杨… ③汤… Ⅲ. ①情绪－自我控制－通俗读物 Ⅳ. ①B842.6-49

中国版本图书馆CIP数据核字(2022)第052091号

内 容 提 要

你为什么总是在意别人的脸色，在乎别人的想法？你为什么总是想东想西、患得患失？过于敏感是一个重要的原因。

伴随着快节奏的生活，无论是成年人还是孩子都会有不同程度的心理压力。而天生敏感的人会放大这种压力，他们每天都可能生活在别人的阴影中、作茧自缚。其实，我们完全可以不要太在意生活中的“小敏感”和“小挫折”，因为它们有的是别人的无心之过，有的则只是我们自己的主观臆测而已。

情绪过敏会让你变得脆弱，而钝感是一种力量，能让你更加有韧性。作者剖析敏感人群的心理特征及形成原因，提出摆脱情绪敏感的四种方法，及时给敏感的你一粒“情绪脱敏胶囊”，教你控制情绪、疗愈心情、重塑自我。

◆ 著 ［日］加藤谛三
译 杨本明 汤尔昊
责任编辑 谢 明
责任印制 彭志环
◆人民邮电出版社出版发行 北京市丰台区成寿寺路 11 号
邮编 100164 电子邮件 315@ptpress.com.cn
网址 https://www.ptpress.com.cn
河北京平诚乾印刷有限公司印刷
◆开本：880×1230 1/32
印张：9.5 2022 年 8 月第 1 版
字数：150 千字 2022 年 8 月河北第 1 次印刷
著作权合同登记号 图字：01-2021-3527 号

定 价：59.80 元
读者服务热线：（010） 81055656 印装质量热线：（010） 81055316
反盗版热线：（010） 81055315
广告经营许可证：京东市监广登字20170147号

推荐语

大变局时代，面对无处不在的竞争与挑战，每个人都时刻承受着巨大的心理压力。我们需要保持钝感情绪，从容应对，不要让敏感情绪成为压倒你的最后一根稻草。

——有书创始人兼 CEO　雷文涛

这是一本哈佛心理导师讲给你的心理必修课。幸福人生需要内心强大。对于负面评价，我们要有抵抗力。太过敏感只会让人际关系变得糟糕，让你变得脆弱、在患得患失中看不到生活的美好。作者提出摆脱情绪敏感的具体方法，及时给敏感的你一粒“情绪脱敏胶囊”，教你管理好你的情绪，做一个心态稳定的快乐的人。

——十点读书创始人　林少

钝感力是一种迅速忘掉不快的能力——即使失败也有勇气继续挑战，对误解、嫉妒和嘲讽可以不屑一顾，对表扬甘之如饴却又不得寸进尺。这本书是一把钥匙，会帮我们打开内心世界。心有了韧性，人才能走得长远。

——读书博主　都靓

猫眼看世界。

猫可以把你当成空气，

但它的眼里永远都藏着自己的星辰大海。

插画师：Kelasco

心をかるくする
きにしないで

钝感是一件外套，防着生活的痛和伤，

让梦想泡泡飞！飞！飞！

插画师：Kelasco

钝感是一种运气，帮你抓住自己的幸运星，

勇敢向前冲！冲！冲！

插画师：Kelasco

考えすぎないでラクに生きる

钝感是一种才能，做一套情绪瑜伽操，
把生活压力变成“快乐多巴胺”。

插画师：Kelasco

面对负面评价，我们要有抵抗力

最近，日本社会流行一个词叫作“情绪敏感”。这个词对应的专业术语是“心理亚健康”，意为“有潜在的心理疾病”。

成年人出现心理问题主要有两大原因。

第一，每个人在成长的各个阶段都要解决不同的心理问题，但是有的人在面对这些问题时却选择了逃避。他们对这些问题视而不见，并且往往会寻求一种“假性满足”，也就是凭借“否认现实”和“自我陶醉”来麻醉自己。因此，这些未被解决的心理问题就会越来越多。

有的人觉得“人生就像一根火柴，不点燃让人觉得可惜，点燃也让人觉得可惜。”可我倒是认为“人间值得”。我们要解决人生中不可规避的课题，也就是说，我们要直面内心世界的纠结，直面人生旅途的困难，并且在这个过程当中寻得生命的乐趣。反之，如果对于人生不同阶段的难题不战而逃，那么你的人生就会慢慢进入死胡同。比方说，很多人都会陷入情绪内耗的死循环中。有的人会变得特别敏感，无论在家里还是在职场中都像一只惊弓之鸟，又像一只浑身长满刺的刺猬。他在意别人的评价、害怕被人伤害，甚至陷入被害妄想的困境。

第二，如果一个人从小就不断遭遇负面评价，一旦他处理不好这些负面评价，就会导致心理问题。

有一部分人很幸运，他们在成长过程中没有遭遇过太多的负面评价，而在周围人不断的鼓励中走向独立、慢慢成长起来。相反，有一部分人则一直生活在别人的负面评价中，他们经常遭遇诸如“你真没用”“你活着还有什么意思”这样的语言暴力。

其实，别人的评价，尤其是负面评价对我们的影响很大。从小到大，我们拼命与周围负面的声音抗争，可正是在这样的顽强抗争之中，我们才发现了自身的优点，发现了自己身上那些与生俱来的优秀品质。反之，如果对这些负面评价没有抵抗力，别人说什么我们都往心里去，甚至总是沉溺于“被害妄想”之中，我们便难以发现更好的自己。觉察不到自己的优点，人生也就会陷入困境。

总之，我们在人生的各个阶段都面临着许多需要解决的问题，而来自同事、领导、老师，甚至是家人的过多的负面评价是成长的“拦路虎”，它让我们陷入自我怀疑和自我否定的情绪内耗之中，让我们苦恼不堪。所以，我认为有的时候我们更需要钝感的智慧，让自己的情绪脱敏，不要什么都往心里去。

还没试过，怎么就觉得自己肯定不行呢？千万别一遍遍地幻想失败的场面，再把它拿到现实中去一一验证。

插画师：Kelasco

情绪敏感的人总会遇到人际关系难题

在我们成长的过程中，这些悬而未决的心理问题会积少成多。情绪敏感的人在进入社会以后，哪怕在工作单位被提升为部门领导，甚至进入高级管理层，他们仍然不得不面临接二连三的人际关系难题。

面对那些向自己输出负面评价的人，情绪敏感的人大多不敢与之抗争，而只能长期生活在妄自菲薄的心理阴影中。

简而言之，正因为情绪敏感的人在人生的各个阶段没有妥善地解决自己的心理问题，所以才会不断地被糟糕的人际关系所困扰。

著名心理学家卡伦·霍妮认为，“人间地狱”可以分为“现实的地狱”和“心灵的地狱”两种。她曾说过：“当你过于重视别人的评价而轻视自我的感受时，你就陷入了‘心灵的地狱’。”这就是情绪敏感者的症结所在。当然，我们知道，在现实世界中并没有“地狱”，我们所在的外部环境也绝非“地狱”，很多时候只不过是我们的心灵深陷自己所建造的“情绪地狱”而已。

迄今为止，在心理学理论中，敏感心理被解释为一种社交障碍。“社交障碍”一词是由心理学家丹·基利提出的，他还在自己的著作中提出了“彼得·潘综合征群体”这一概念。在他看来，情绪敏感的人就属于彼得·潘综合征群体，他们沉溺于幻想、拒绝长大，行事带有孩子气。在现代社会中，人们的工作、生活压力很大，这种压力会自然地投射在个人心理上。打个比方，在持有被害心理的情绪敏感的人看来，公司里的所有人都在恶意差遣自己。

考えすぎないで
ラクに生きる

心をかるくする
きにしないで

不能每天都“支棱”起来。今天，我要躺平。

插画师：Kelasco

吃一粒速效脱敏胶囊，

每天做一个心态稳定的可爱的人。

心をかるくする

ラクに生きる

插画师：Kelasco

考えすぎないで
ラクに生きる
心をかるくする

放松身心不“炸毛”，
跟着猫咪做一套情绪瑜伽操。

插画师：Kelasco

学会情绪四则运算，刻意练习钝感力。

插画师：Kelasco

目录

第1章 为何你总是那么敏感

002 | 敏感的大脑
006 | 你身边有这样的敏感者吗
012 | 钝感是一种才能
017 | 焦虑让我们变得敏感
021 | 不要无限放大压力
025 | 学会沟通，不要总是“猜”
028 | 就事论事，停止情绪内耗
032 | 别太纠结
036 | 放松一点，不必接受所有的好意
039 | 让你痛苦的不是事实，而是你对事实的认知
042 | 再心烦，也别把火发在别人身上
045 | 告诉自己“我一点也不差”
050 | 其实，并没有人在你背后指指点点
055 | 也没有人总在背后要害你

第 2 章　情绪四则运算①：做加法

往好里想，给生活加点“甜”

060 | 你可不是最倒霉的那一个

064 | 因为害怕，所以敏感

068 | 容易“炸毛”的家长

071 | 敏感是一种惯性思维

075 | 别让无心的一句话激活不好的情感记忆

078 | 钝感的人觉得“那都不是事儿”

082 | 宽容的家长培养出有安全感的孩子

085 | 加点“甜”吧，别当生活的苦行僧

090 | 别让内心的不安放大你的痛苦

092 | 你想的不一定就是事实本身

095 | 用成人的思维解决问题

第 3 章　情绪四则运算②：做减法

避免情绪内耗，让快乐变得简单

100 | 你本来就很可爱，这和有多少人爱你无关

103 | 手里拿着锤子，看谁都像钉子

106 | 不喜欢就离开，别纠缠

109 | 不如现在就停止抱怨

112 | 没事儿，总能跨过心里的那道坎儿

114 | 克制你的冲动情绪

116 | 我们都不要太“玻璃心”

122 | 情绪是你的自留地，不是别人的跑马场

125 | 有人赞美你，就有人批评你

129 | 对这世界抱有兴趣，又有所提防

132 | 做成熟的父母

135 | 敏感的家庭

139 | 调整好工作状态，拒绝“消极合作”

142 | 摘下你的有色眼镜

第 4 章　情绪四则运算③：做乘法

摆脱“求关注”思维，让内在自信成倍增长

148 | 谁都得过几场“情绪流感”，
可你别总是那么“丧”

152 | 活得“糙”一点，完美躲避伤害

155 | 做个清醒而识趣的人

160 | 相爱不是照料

165 | 批评别人容易，审视自己很难

169 | 不要自我陶醉，也别怨天尤人

173 | 试着接受善意的批评

176 | 别想太多了

179 | 相信自己，别那么脆弱

184 | 控制自己，别乱发脾气

187 | 不用太在意自己的形象

192 | 偶尔也听一听别人的意见

195 | 敏感的身体

199 | 你是什么样的人，他们说了不算

第 5 章　情绪四则运算④：做除法

消除负面信息，拒绝负重前行

204｜别低估自己，也别太高估自己

207｜这个世界很可爱，你可以“加个关注”

211｜希望一直被人捧着

217｜有人在乎你，就会有人不在乎你

222｜孤独而敏感的人

226｜轻装上阵，别自寻烦恼

233｜不要依靠外界获得前进的动力

237｜做自己的小太阳，向外散发正能量

241｜面对生活的勇气

246｜有时候受挫是因为执着于得到和自己能力不匹配的成功

250｜恰到好处的界限感和分寸感

254｜有人喜欢你，就会有人讨厌你

259｜如果你不认可这个人，就没必要因为他的指责而睡不着觉

刻意练习：做一套情绪瑜伽操

4 种方法，让你拥有情绪钝感力

268 | 方法 1：站起来，自己寻找突破口

272 | 方法 2：摆脱来自儿时的恐惧

274 | 方法 3：不进行没必要的“对号入座”

276 | 方法 4：反复操练，效果立现

后　记 | 278

第1章

为何你总是那么敏感

敏感的大脑

哈佛大学的心理学教授艾伦·朗格提出：“情绪的产生基于大脑对信息的选择性捕获。”

她认为，敏感的人大多是受过高等教育的人。

实际情况也的确如此。敏感的人会经历各种事件，并误认为自己对这些事件的判断和感受都是真实的。

其实事实并不总是如此。即使客观事实保持不变，当我们的主观认知发生变化时，所谓的“客观事实”也会发生改变。有一种观点认为，我们接受新信息的过程并不复杂，不过是大脑检索已经掌握的知识，并从中寻找答案的过程。

20 世纪初，美国行为心理学家约翰·沃森宣称，孩子可以通过训练形成条件反射。例如，当一个孩子在和兔子玩耍的时候，测试人员在旁边故意发出“咚”的一声巨响，接受实验的孩子从此以后便会对兔子产生畏惧心理。

然而，只要再让兔子温柔地靠近孩子，让孩子慢慢适应，他就会逐渐喜欢上这只兔子，而不再感到害怕。实验证明，通过这种“逆向操作”可以消除孩子对兔子的恐惧心理。

在上述实验中，兔子还是那只兔子，但是孩子对兔子的认知却发生了变化。兔子从可爱的动物变成了可怕的动物，可后来又变了回来。

生活中也是如此。在公司里，领导也还是那位领导，但是如果你的主观想法发生了改变，那么对你来说，你的领导就会变得判若两人。

对于领导的同一句话，心理脆弱的员工和心理健康的员工的看法会截然不同。即使是面对同事、上司或下属，过于敏感的人和钝感的人其看法也是不一样的。

比如，我认识一位情绪敏感的小 A 同学。他是职场新人，没有太多的工作经验，对目前的工作环境不太熟悉，对自己在这一年中的业绩表现也不太满意。在公司里，他一直都很自卑。部门领导随意的一句玩笑话也会被小 A 同学视作对自己的嘲弄。也就是说，当情绪敏感的人以受害者的心理看待一件事情的时候，他就会认为："我被人耍了。"

我们要提防这种不经意的"外化"，也就是我们不要一厢情愿地将心中所想当作现实。

反之亦然，对于同一个员工（小 A 同学），如果领导的看法发生了改变，那么小 A 同学在领导心中的形象也会随之改变。

在现代职场中，没有钝感力的领导也不少。有的员工与前任领导相安无事，不曾想新来的领导却是一位情绪敏感的人。那么，这位新领导就会抱怨："这么差的团队，让我怎么带？我根本无法开展工作！"说不定他还会跑到上级领导那里疯狂"吐槽"一番呢！

速效情绪脱敏胶囊

- 只是一句玩笑话，可别太当真。
- 事实可能和你想的不一样，不要一厢情愿地将心中所想当作现实情况。

你身边有这样的敏感者吗

你有没有发现，在职场中，情绪敏感的员工总是怨天尤人，总在抱怨老板不公平、同事算计自己、甲方太难伺候，而从来都不愿意沉下心来去解决任何实际难题。

大家可以仔细想一想，其实，大多数情绪敏感的人都有不同程度的“被害妄想”。而我认为在这种心理之下往往隐藏着攻击性。也就是说，情绪敏感的人往往会通过宣扬自己的痛苦以达到谴责他人的目的。

“我真倒霉，真是倒霉透了……”他们不停地抱怨。仔细品一品，其中隐藏的含义其实是他们想攻击别人。可是，因为性格懦弱，他们不敢明确表达自己的愤怒，所以只能强调自己是受害者。

敏感的人会在内心反复回味刚刚遭遇的事情，不断增强自己的受害者意识，其实他们是在渴望别人关心自己、表扬自己。正是因为这样的诉求得不到满足，他们才会怒火中烧。究其本质，这是一种依赖心理和敌对心理。翻涌的愤怒经过几层包装之后，表现为受害者心理，即“被害妄想”。

还有一件比较有意思的事情：敏感只和我们的性格有关，与社会地位和业务能力没有太大关系。无论你是部门领导还是普通员工，都有可能因为过于敏感而常常感到自己倍受伤害。

在职场中，你会发现有的人因为自己的各种要求没能被满足而心生不满，进而变得极具攻击性。这是因为，除了一部分只会沉浸在自卑和郁闷之中的情绪敏感的人之外，还有一部分情绪敏感的人会将攻击性和愤恨当作对自己痛苦的宣扬。

然而，敏感的人的攻击性有很多种伪装，我们有时很难分辨。

阿德勒曾针对“敏感群体在伪装自己的攻击性”这一观点提出过自己的看法。

他认为敏感群体一般会夸大自己的惨状，并以被害者的身份给自己设定人设，进而转化为深深的自卑以及对业绩好的同事的嫉妒。有时，他们也会变成“加班狂人”。

高强度的工作容易诱发更大的心理压力，而心理压力太大又会再次触动敏感者的神经，从而导致恶性循环。我们把有这种特质的人称作“工作狂”型敏感者。这种类型的人是精神上的“工作狂”，虽然工作让他们感到疲惫不堪，但是他们却能获得心理上的愉悦。

这是因为在他们的心中，敌意已经转化为高强度工作的动力。对他们而言，与其直接表现敌意，还不如稍加伪装，因为这样更能让自己感到舒适。

“工作狂”型敏感者总是心怀敌意，并且内心总是被这些敌意所煽动。不过，大多数情况下他们对此一无所知。只要他们意识不到这一点，就无法从疯狂工作的困境中解脱出来。

我们有时并不能真正意识到自己内心最强烈的感情。比方说，尽管敏感的人总在诉说自己的怨恨，但这不等于他们能真正意识到心底对这个世界的敌意。

美国心理学家阿尔伯特·艾利斯说：“敏感群体会拼命工作，他们恨不得累死自己。”他还补充道：“然而那些打心底里认可自己有钝感气质的人和敏感的人不同，他们比普通人能干，却不会过度工作。”据说这是因为钝感的人从不执迷于获得别人的肯定。话说回来，我一直认为拼命工作并不是一件很值得骄傲的事。

“工作狂”型敏感者不能直接将愤怒情绪表现出来，而只能将愤怒转化为无休无止的工作。

总之，我们可以得出这样的结论。

- 敏感者的被害妄想由攻击性转化而来。
- 敏感者所表现出来的痛苦可以成为他们谴责别人的手段。

敏感的人并不像看起来那样“软弱”，他们也可能具有潜在的攻击性。这种攻击性不但会被发泄在无法让他们得到满足的对象身上，甚至还会殃及无辜的人。

比如，在你身边有没有这样的人？

- 对妻子不满的领导到公司就训斥下属。
- 对领导不满的员工下班回家辅导孩子做作业时，趁机打骂孩子。

只要受到外界的一点小刺激，情绪敏感的人就会不可避免地产生攻击性。当他们的怨气无法直接得到宣泄时，他们就会这样强迫自己伪装起来。

- 把攻击性转化为拼命工作。
- 把攻击性转化为使劲展现自己有多么痛苦。
- 把攻击性转化为对竞争对手的深深的嫉妒。

总而言之，正如阿德勒所说，和钝感的人相比，有些敏感的人会巧妙地将攻击性伪装成自己的弱点。

速效情绪脱敏胶囊

- 别一直抱怨，要沉下心来去解决实际难题。
- 不必执迷于获得别人的肯定，请向内寻找价值感。

钝感是一种才能

让我们再次回到刚才那个话题：某些敏感的人会把自己的攻击性表现为做高强度的工作。

“工作狂”型敏感者就像装在套子里的人，他们无法与人深交，即便和亲近的人也无法推心置腹。他们有不同程度的社交恐惧症，并且总是以自己很忙为借口进行掩饰。于是，为了逃避社交他们就只能在人前拼命工作。然而，越拼命越有压力，怎么办呢？他们便企图用更高强度的工作与之对抗。

卡伦·霍妮将这类人称为“敏感的工作狂”。

卡伦·霍妮认为敏感的人有很强的报复心。她断定："这类人显然在通过工作释放他们的攻击性。"

我身边也有这样的人，虽然他们并不以工作为乐，但也不会感到厌倦。他们都有一个共同的特征：在工作时间以外的个人生活中，他们都会觉得非常空虚。

然而，钝感的人却截然不同。其实，钝感是一种才能，你会发现在各行各业取得成功的人们当中，很多人都能自如地收放他们的钝感力。这种才能可以帮助他们从斥责和质疑的声音中跳脱出来，并且毫发无伤。而敏感的人却不具备这种才能，他们的内心充斥着由孤独感和无力感所带来的恐惧，而近乎自虐式的努力是唯一可以帮助他们摆脱这种恐惧的"救命稻草"。

虽然这类人在职场中属于大多数领导喜欢的"拼命三郎"，但是他们的内心是无助的，他们和那些有被害妄想倾向的人在本质上有相似之处。

企业中那些典型的工作狂往往无法平衡工作和生活。我们可以想想看，他们是怎样废寝忘食地工作以至于弃生活而不顾的。

当然，如果这群“工作狂”真心热爱工作、真的乐在其中的话，那就另当别论了。但事实上，对于他们来说，成为“无所不能的人”完全源于自尊心的需要。

为了满足这种内在需求，最终他们需要付出辛苦而劳顿的一生。

而保持钝感能让你的人生不会太辛苦。钝感力是让你保持身心健康的原动力，它会让你保持良好的心态，让你更加自在地生活。在快节奏的现代社会中，健康的秘诀就是抛弃那些虚伪而又愚蠢的“自尊”，变得“迟钝”一些。只有这样，你的内心才可以变得更加平和。

你不必过于在意别人对你的评价，即使对于领导说的话，你也不必都往心里去。职场上的钝感力是你的防护膜，让你摆脱没有必要的情绪内耗，抵抗压力，从而帮你提高工作效率。让我们想想看，职场中理不顺人际关系的人总会比那些有自己的小圈子、有同事情谊“罩着”的人要承受更多的精神压力，难道不是吗？

婚姻和家庭也需要钝感力。拥有了钝感力，你就拥有了能够长久维系亲密关系的能力。如果家庭生活不和谐，那么工作也会受到影响。这也就是为什么那些为工作殚精竭虑的人因为处理不好家庭关系，最终反而会在工作中遭遇“滑铁卢”的原因。

所以，卡伦·霍妮口中的那些“敏感的工作狂”往往并非生活的胜出者。

据我观察，情绪敏感的人大都不愿意和别人分享自己的成功和喜悦。不过，如果能从别人那里得到报酬，他们可能还愿意等价交换信息，总之，他们是绝不会无偿付出的。

值得一提的是，那些“敏感的工作狂”还有一个特点，就是他们察觉不到生活中的“小确幸”，无论怎么努力，他们离幸福的人生总有一站距离。

速效情绪脱敏胶囊

- 尝试与人沟通，别总把自己装在套子里。
- 不要害怕斥责和质疑的声音。
- 不必过于在意别人对你的评价，“脸皮儿”别太薄。
- 摆脱情绪内耗，抵抗压力，提高工作效率。

焦虑让我们变得敏感

20世纪日本传统企业中的“拼命三郎”和现代企业中的情绪敏感的员工有很多相似之处。虽然他们对待工作的态度并不相同，二者的心理特征却是一样的。

这两类人都很会伪装自己的攻击性，只是伪装的方式有所不同。只需要一个契机，先前的“拼命三郎”转瞬间就可能变成情绪敏感的人。

虽然他们的行为模式有所改变，但是他们的动机丝毫未变。如果忽视了这一点，便无法理解情绪敏感者的内心世界。

在生活中，你会发现这样的事。敏感的人明明是加害者，却有着被害妄想。他们对真正的受害者百般责难、恶语相向，甚至穷追猛打。

听起来可能会觉得不可思议，但确有其事。

受害者不原谅加害者尚且可以理解，但那些具有攻击性行为的情绪敏感者作为加害者却对真正的受害者不依不饶。这确实让人匪夷所思。

此时，他们心中的无名之火越是缺乏正当的理由，他们就越会大张旗鼓，向全世界宣布自己才是那个受到伤害的人。

迄今为止，心理学家已经对“自我评价过低”和“攻击性行为”的关联性进行了深入探讨。最近几年，“自负心理”和“攻击性行为”的关联性也开始成为学界关注的焦点。

沃森认为："如果一个孩子在充分的自由中长大，那么他们的世界会完全不同。"正如前文所述，沃森就是那个让孩子变得害怕兔子的实验组织者。

对于同一客观事物，我们在心理反应上却迥然不同。同一只兔子却能让孩子有时欢喜有时忧。究其原因，是因为我们所处的环境有时会让我们感到焦虑和不自由。

生活中的焦虑和压力都会对我们造成影响。我们一旦有了焦虑感，就会试图让自己安下心来。我们为了获得安心，便会采取行动。而这种行动其实是我们对焦虑的一种反应。

我们越是没有安全感，就越想摆脱现状。很多没有安全感的人常常对弱者咄咄逼人，对强者摇尾乞怜。然而，那些摇尾乞怜的人并没有意识到他们的迎合行为让自己付出了巨大的代价——对强者产生怨恨和敌意。当然他们也并不是看到强者就会主动产生敌意，他们的敌意只是在应对不安时所产生的一种"应激反应"。

卡伦·霍妮认为，对于焦虑，人们会做出迎合、攻击或退缩的反应。做出迎合反应的人，因为得不到他们想要的东西，就会心生怨恨，进而采取攻击性行为，敌意也随之加剧。

简而言之，对于同一客观事实，只要我们的心态发生了变化，所感受到的“事实”也会发生变化。要知道，当一个人处于焦虑情绪中时，可爱的“兔子”也会变成可怕的“怪兽”。

速效情绪脱敏胶囊

- 摆脱焦虑和不安，不要因为压力太大而变得咄咄逼人。
- 调整好心态，不要因为得不到想要的东西而心生怨恨。

不要无限放大压力

敏感的人是什么都往心里放的人，也是有点想不开的人，他们思考问题有些极端或者可以称作偏执。偏执心理可以防止内心潜藏的不安和恐惧流露于外表。偏执的人通常会先入为主，固执地认为某件事是好的或坏的，然后一条路走到黑。

敏感的人总认为自己怀才不遇，他们会抱怨领导不识人，不能知人善用。他们会满腹牢骚："我这辈子也就这样了。"内心的不安让他们自怨自艾。当他们再也提不起劲儿时，就干脆自暴自弃，认为自己干到头了。

对同一件事，心力交瘁的人和精神抖擞的人会有不同的看法。对同样的事实，敏感的人和钝感的人也会有不同的理解。

有些工作了十来年的人认为，因为自己有家庭、孩子，脱不了身，所以在事业上很难发展。他们对工作缺乏热情，却总找借口说："我比较重视家庭，我没有精力投入工作。"

有些职场新人会固执地认为："我做不出成绩是因为部门领导的能力不行。"

不仅在公司，在高校里也是一样的。你会发现有很多"矫情"的人。有的人认为，高校里行政事务多，无法开展科研工作；有的人认为，自己总被领导呼来喝去，每天忙于干杂务而无暇顾及科研；还有的人觉得自己完全生活在"象牙塔"里，根本没时间社交。

其实，他们都在试图掩饰内心的不安和恐惧，通过抱怨来获得安全感。

偏执心理的背后，往往是被害妄想倾向在作祟。有些敏感的人总认为只有自己才是最倒霉的那个。

澳大利亚精神科医生贝兰·沃尔夫认为，抑郁症患者的一大特征便是：对于那些成败尚未明了的事，他们会直接判定为行不通。

研究表明，老兵在复员后很容易产生应激反应。这说明儿茶酚胺在帮助身体做出应激反应的同时，顺便还将相关的记忆刻入了大脑。

老兵们在战争中惶惶不可终日，九死一生，他们变得性格古怪，对生活的压力极度敏感。

在职场中也一样，在向同一位领导汇报工作时，有的人会倍感压力，有的人则显得从容、淡定。

如果你在过去有过不好的，甚至是可怕的记忆，那么在多年之后，即使受到一点惊吓也会给你带来很大冲击。

在亲子教育中也是一样的，如果父母属于“打鸡血”的类型，又不会控制情绪，经常暴跳如雷，那么孩子就会感到“压力山大”。而这种童年时期的心理压力将来就可能会导致孩子养成对痛苦过度夸大的习惯。

速效情绪脱敏胶囊

- 摆脱先入为主的观念，要知进退，不要一条路走到黑。
- 抱怨换不来安全感，别让负面情绪干扰了自己的积极性。
- 父母要控制自己的情绪，别给孩子太多压力。

学会沟通，不要总是“猜”

在沟通中，如果我们不太了解对方，就容易产生误会。即便客观事实只有一个，对这个事实的解读也会因人而异、多种多样。

要想好好沟通，我们就要明白一个道理：对于同一句话，说话人和听者的理解未必相同。

在日常沟通中，敏感的人容易受到语言上的伤害，也容易成为被欺负的对象。“职场 PUA”的症结在于一方沟通能力的欠缺。如果沟通中的某一方容易分泌应激激素，那么对他来说，与人交谈便是一种压力。

为何在现代职场中，总会有“职场PUA”“过劳死”等问题？这在一定程度上反映了现代人沟通能力的下降。

作为领导，要是连自己的想法都搞不明白，他是不会体恤下属的。同样，下属对自身都不了解，更不会体谅他的领导了。

那些敏感的、容易害羞的人经常会先入为主，这就容易造成误会。

假设你是一位敏感的职员，但如果你的领导善解人意，当他发现你比较害羞腼腆时，他和你说话时便会注意自己的措辞。

假设你是一位敏感的领导，而如果你的下属观察能力和沟通能力都比较强，他便会在心中默念“对这位领导，我要多加小心”，然后在工作中谨言慎行，以免让领导产生误解。

聪明的下属还会察言观色，会时刻根据领导的情绪调整接下来的行动。比如，他们会告诫自己："我的老板在生别人的气，可别把火发在我身上，我可要防着点。"

总之，如今这个时代是缺乏有效沟通的时代。缺乏沟通会导致家庭暴力、厌学、"职场 PUA"等问题。如果身边有敏感的人，我们就要学会和他们相处。

速效情绪脱敏胶囊

- 对于同一句话，说话人和听者的理解未必相同。
- 好好沟通，多体谅，学会和他人相处。

就事论事，停止情绪内耗

当被不愉快的情绪支配时，你往往会固执地认为全世界都是灰暗的。实则不然。面对同样的情况，我们会产生不一样的感受。对于相同的刺激，人们的反应也会有所不同。

你是怎么理解“工作”这件事的？我发现不同的人有不同的理解。同样是“在公司工作”，但是对于“在公司工作”这个事实的看法却因人而异。

现代职场生态是分层的：上面一层是“劳模”，也包括有“过劳死”风险的人；中间一层是普通人；下面一层是不太想努力的“打酱油”的人。

越来越多的年轻人不把“工作”看得那么重。他们觉得，累死累活的又何必呢？还不如辞职，没必要为了工作透支自己的生活。

那些觉得还不如辞职的人和那些宁肯累死也不辞职的人，究竟有何不同呢？

有的人会拼命工作，直到力竭而亡，可能是因为他们不想让他人觉得自己是生活中的失败者吧。他们从小就被灌输“工作至上，玩物丧志”的理念。“工作”可能被他们奉若神明。

在潜意识里，他们觉得自己的人生并不如意，而一份繁忙的工作则会屏蔽这种不好的自我暗示。他们在强迫自己工作的时候，也可以有效屏蔽自己不被接纳的信息。

对于这些人而言，他们把“别人的眼光”看得很重，辞职无疑就证明了“我是个失败者”。

而对于把工作看得很轻的人来说，“在外人看来自己有一份稳定的工作”这件事并没有那么重要。他们并不认为“在公司里工作”是天大的事。实际上，他们认为，与工作相比，人生更为重要，生活方式可以多种多样。

这恰恰体现了钝感的人和敏感的人看问题的角度不同。钝感的人不会想得太多，更习惯于就事论事，做事也不会思前想后、犹豫不决，即使有人说了不中听的话，他们也不会太在意，一会儿就抛到九霄云外去了。

其实，在某种特定情况下会让我们觉得“不愉快”的事情，在另一种情况下却可能让我们觉得“有趣”。

如果我们没有意识到同样的刺激在不同的背景下会导致不同的感受，我们便容易作茧自缚，成为自己臆想的牺牲品。换句话说，当我们被不愉快的情绪所折磨时，我们总是认为自己已经山穷水尽了。其实，只要换个角度思考，也许就会柳暗花明。

速效情绪脱敏胶囊

- 就事论事，不必想太多。
- 想好了就去做，别思前想后、犹豫不决。
- 当你被不愉快的情绪所折磨时，你需要换个角度思考问题，别成为自己臆想的牺牲品。

别太纠结

在职场中，敏感的人对自己的工作环境总是心怀不满。尽管领导一视同仁，但是他们却总认为自己遭遇不公而心生怨恨。

他们抱怨公司不公平。有不少人认为，正是由于很多不公平的现象存在，他们才会在成长的路上被其他人“弯道超车”。

有野心的人更会产生一种“自己是受害者”的幻想。借用德国心理学家克雷奇默的话来说，这就是“被害妄想情绪”。

为什么“在工作中遭到冷遇”这件事会让一个人如此上心？我想可能是因为这勾起了他对儿时遭遇家庭冷暴力的回忆。尽管那时的他已经拼尽全力，却仍在家里遭受父母的冷暴力。儿时的家庭冷暴力所留下的心理阴影难以消除，这种不好的回忆甚至在其成年以后，在他面对公司的人事安排时，也会影响他的认知。

即使是像林肯这样意志坚强的人，当小时候母亲去世的悲痛再次浮现在脑海中时，他也会痛苦不堪。

有一首歌叫《本该遗忘的爱情》，但“本该遗忘”只是表层意识，在潜意识中有些事并没有被忘记，它们在我们成年之后仍会对我们产生影响。

当我们为一件本不应该纠结的事情纠结的时候，昔日的某种记忆便会重现。作为诱因的记忆又不止一个，许多创伤后的应激障碍也会“蜂拥而至”。

被害妄想情绪往往会诱发一种“岂有此理”的反抗情绪。它会让这个人变得自恋而被动。要想彻底解决这个问题只有一个办法，就是培养主观能动性，积极地向他人解释自己的状况，以获得他人的理解，同时，还要试着去理解对方。

当产生怒火的原因在自己身上的时候，我们就要好好自省，除此之外别无他法。

然而，情绪敏感的人会认为，即使自己不加以说明，别人也能理解自己。他们不愿脱离被害妄想的思维方式，因为他们不想坦诚地面对自己内心的纠葛。

正如前文所述，“地狱”有“现实的地狱”和“心灵的地狱”。情绪敏感的人一直都活在自我贬低的“地狱”中，他们活得很纠结，也很拧巴，对于别人随口说的话也会很在意，内心缺少一层防护膜，无法抵御外界信息的干扰。正因如此，他们每天都生活在情绪内耗中，这也导致他们工作和学习效率低下、成长缓慢。

速效情绪脱敏胶囊

- 有意识地抵御外界信息的干扰，给内心塑造一层防护膜。
- 少一些抱怨，多一些自省，遇事先找一下自己的原因。

放松一点，不必接受所有的好意

情绪敏感的人在很多时候都表现为“小心眼”。一般来说，别人邀请你吃饭、出去玩都是出于好意。别人向你推荐什么好东西或者分享什么有趣的事情也是因为心里想着你才愿意和你分享的。当然，你也可以拒绝。

我认为在这种情况下，对方也是出于“我觉得这样对你好”的心态才这么做的，所以如果不合你心意，拒绝便是了。这是没有任何问题的。

但是，对于那些“小心眼”的人来说，即便你是出于好意，他们也会认为你别有用心，自己“被迫”接受了你的

“安排”。

于是，那些“小心眼”的人在被他们认为喜欢“强人所难”的人规劝时，同样会心生不悦。

当然，还有一种人喜欢打着“我是为了你好”的旗号死缠烂打。对于这类人，你要格外当心。心理学家认为，那些说得出“只要你安好，我怎么样都无所谓”的人，他们有着强烈的肯定自我和否定他人的处事模式。在他们的眼中，只要是自己给的建议或帮助，对方就应该感恩戴德、全盘接受。

有的人总是一边说“我是为你好”，一边干涉你。如果在你的成长过程中有这样的人，请务必注意，他们与那些设身处地为你着想的人完全不同。

总之，事实很重要，我们如何认识事实更加重要。过去在什么样的环境中成长，深刻影响着你现在的眼界。希望你有一双生活的慧眼，能分清善恶黑白。

速效情绪脱敏胶囊

- 放松一点，别人也是好意。
- 坦然接受别人的邀请，那也是一种很好的安排。
- 拥有一双生活的慧眼，分清善恶黑白。

让你痛苦的不是事实，而是你对事实的认知

很多敏感的人感知痛苦也很灵敏，他们认为自己正在被现实生活折磨着。然而，折磨他们的不是现实本身，而是他们对现实的认识方式——他们固执地认为自己深受生活的煎熬。这些人其实都有轻度的被害妄想情绪。

折磨你的不是事实本身，而是你对事实的认识方式。如果我们无法正确认识这一点，便无法获得幸福。

抑郁的人为他们的抑郁情绪找到了各种理由——工作不顺、婚姻不幸、经济拮据……但当他们的症状有所好转时，

他们对同样的情况会说不同的话："这工作还不赖！""最近我看我太太顺眼多了！""我手头还行吧。"

主观认知中的所谓"事实"与客观上的事实是有区别的。

美国的一所监狱曾做过一项调查，调查内容是哪个犯人对自己的工作不满意。

实际情况是，即使是同样的工作，对于不同的人来说，辛苦程度也未必相同，他们的不满也不尽相同。对于一模一样的工作，那些认为自己更加辛苦的人，往往是因为他们不想干这份工作，而不是因为他们干了多重的体力活。

调查表明，对工作的主观满意度与他们所感受到的苦恼程度之间，存在着轻微的负相关关系。然而，在苦恼程度和"过去经历与对未来的期望"这两个因素之间，则存在着明显的关联。

那些认为自己遭受了不公正的判决、未来没有希望的人明显过得更苦恼。

不仅仅是工作，任何事情都是如此。对于同样的事实，根据我们内心认可与否，其痛苦程度也会有所不同。

速效情绪脱敏胶囊

- 坦然面对痛苦的事，别放大内心的感受。
- 事情也许不如你想象的那么好，但也没有你想象的那么坏。

再心烦，也别把火发在别人身上

你有没有发现，有的人明明是对自己感到不满却不自知，转而迁怒于身边的人。

生活中我们会遇到这样的事情：一位先生是情绪敏感的人，他在工作上明明是对自己感到不满意，觉得自己能力不行，不如同事，却总是迁怒于妻子，将自己内心的纠葛发泄到最亲近的人身上。

很多人都觉得工作不顺、工作无聊。他们入职时心心念念地想干出一番事业来，但现实中的自己却在做着一份枯燥的工作。所以，他们才会对自己的实际情况感到不满意。

又或者，他们认为目前所做的工作不适合自己。他们觉得可能做文书工作更符合自己内敛的个性，但他们却总是被派到外面从事营销工作。于是，他们便产生了被害妄想，总觉得有“刁民”想害自己。

也有一些人会认为公司的人际关系实在没劲，自己昨天被虚张声势的领导欺负，今天又被看着不顺眼的同事“摆了一道”。可即便如此，他们也没有勇气反击，只能默默在心里“很受伤”。

有的人会觉得自己学生时代的朋友都有一份称心如意的工作，而自己却没“混好”，便将这股怨气带回了家。于是，他将对自己的不满表现为对妻子的不满，这就构成了情绪上的“外化”。他觉得和妻子在一起并不开心，但这并非因为他对妻子的言谈举止或性格有所不满，而是因为他自己有问题。其实，只要他对自己的现状不满，无论他和谁结婚都不会感到幸福。然而，他根本不知道自己的怨气其实来源于自己敏感的内心。

人越是欲壑难填，就越是会以恶意揣测他人，然后就会感觉对方不好。这并不是对方真的不好，而是他对自己不满意罢了。他不过是将这份不快发泄到对方身上而已。

怨恨自己的人会责怪别人，这就是“外化”的一种表现。自我厌恶的人经常说别人坏话，这也是“外化”的一种表现。

情绪敏感的人试图通过在别人背后说三道四来解决自己内心的烦恼。如果他们意识不到这一点，那么幸运女神就永远不会对他们微笑，他们就会一直郁郁寡欢。

速效情绪脱敏胶囊

- 再心烦，也别把火发在别人身上。
- 保持平常心，别对自己过于苛刻。
- 别把对自己的不满转化为对别人的不满。
- 要想不心烦，请向内寻找答案。

告诉自己"我一点也不差"

许多人一辈子都生活在自我责备中。那么，对此我们又该如何解决呢？

很多敏感的人都有不同程度的"社恐"。当我们为某件事或某个人而感到不安时，我们可以反复告诉自己："这并不值得我害怕。我正在为一些并不可怕的东西而感到恐惧。"

我们害怕遇见某个人、害怕参加会议、害怕失败、害怕被人说三道四。总之，敏感的人几乎都害怕外界的刺激。

早上起床后，我们就开始忧心忡忡，吃饭时也惴惴不安，接着便会开始对这一整天的到来倍感压力。

工作时，我们无法集中精力；吃饭时，我们没有胃口；与人谈话时，我们也会心不在焉。

其实，我们所恐惧的东西并不一定都是可怕的。实际上，“可怕”和“觉得可怕”本来就是两码事。

大家有没有听说过一种蛇叫作“花园蛇”，大约一米长。我在波士顿郊外的别墅里就遇到过这种蛇。尽管这种蛇没有太大危害性，但是日本人看到这种蛇之后，就绝对不会再靠近那个地方了。

因为日本人从小就被教导蛇是可怕的。其实我们所害怕的不是蛇本身，而是从小就受到的教育。

因此，我建议当你感到恐慌的时候，最好先想一想：“我在害怕什么？”然后请你再考虑一下：“我现在是不是在害怕一些完全没必要害怕的东西？”

请大家记住一句话：“不要自己吓唬自己。”

在你小时候，可能身边就有这么一个人，他持续向你灌输：“那个人比你优秀多了，和他一比你啥也不是，你怎么这么失败啊？！”并且对你冷嘲热讽：“你真没用。”其实，这种信息就属于破坏性信息，它会让你变得脆弱而敏感。

然而，这种单方面的破坏性信息与现实情况并不一样，当你意识到这一点时，你在心理上就成长了。

从“精神死亡”转而“起死回生”，这是我们人生中的真正的决斗。因此，你要相信自己有能力抵抗外界一切破坏性信息，告诉自己“我一点都不差”。说十遍、二十遍还不够的话，那就一百遍、一千遍地说给自己听，一直说到自己相信为止。

日语中有个俚语叫“未尝先恶”。意思是说不品尝就无法知晓食物的味道，但在品尝前就认为“不好吃”，这就是一种偏见。

有的人会将“可能的损失”当作“既定事实”。美国心理学家阿朗·贝克认为，这是焦虑症患者的思维特征。不尝试一下就不会知道结果，但在某些人的思维模式中，“没有尝试”和“肯定行不通”是画等号的。

总之，焦虑的人会有很严重的臆想，他们对外界的影响很敏感，顾虑太多，想得太多。而活得轻松的人就“迟钝”得多，他们对于外界影响几乎“脱敏”，活得更洒脱。人生不如意十之八九，我也希望大家“常想一二，不思八九”。如果要过快乐人生，就要有意识地绕过让人烦恼的声音，常想一两件得意的事，这样就能事事如意。

速效情绪脱敏胶囊

- 告诉自己“这没有什么可怕的”，不要自己吓唬自己。
- 告诉自己“我一点都不差”，要有意识地抵抗外界一切破坏性信息。
- 还没试过，怎么就觉得自己肯定不行呢？千万别一遍遍地幻想失败的场面，再把它拿到现实中去一一验证。
- 多给自己一些好的心理暗示，事情也许就会往好的方向发展。

其实，并没有人在你背后指指点点

我把现代人常有的一种心理状态称为“被责妄想”，这是我从“被害妄想”这个词中想出来的。

所谓被害妄想，是指一个人明明没有受到伤害，或者根本没有受到伤害的可能性，却还认为自己身处危险之中。

同样，被责妄想是指一个人明明没有被对方指责，却还是认为遭到了对方的指责。

如果是钝感的人或者一般人，在了解了真实情况后，也就能明白对方并未指责自己。但是，对情绪敏感的人而言，他们不愿意了解真实情况。他们认为，自己在主观意识中是怎么想的，现实就应该是什么样的。

有些生活在自己世界里的敏感者有不同程度的被责妄想。他们完全不顾及别人的感受，别人对他们而言就是空气，对方的所想、所感、所言，皆与自己无关。

他们会以自我为中心诠释周围的一切。只要他们感觉有人在指责自己，那就是有人在指责自己；只要他们对某个人有好感，那么他们就会认为自己和那个人是朋友。这就是有被责妄想的敏感者的思维方式。

一般人在定义人际关系时，会根据自己对对方的了解进行判断，而有被责妄想的敏感者则完全按照自己的意愿擅自定义自己与对方的关系。

有被责妄想的人脾气不好、很容易上火。他们认为自己一直处在被指责的状态中，因此活得很痛苦、很郁闷，心中好像一直有一团怒火在烧。虽然有些人不会表现出来，但是怨气和怒火却在心中不断积累。

单是被责妄想就已经让人生举步维艰了，但对于一部分自恋型的敏感者来说，还有很多其他心理问题困扰着他们。

比如，有一个心理问题叫作“关系妄想”。

朋友小C曾向我咨询过他的烦恼。他说：“上大学时，每当走进教室，我就感觉有人在嘲笑自己。”

在大学课堂里，听课的人很多，好朋友坐在一起，相互“找乐子”的情况并不罕见。所以，敏感者眼中的“嘲笑”其实是朋友之间开的小玩笑，而不是在恶意戏弄谁。

小C还有一个烦恼：“我在公园的长椅上坐着的时候，路过的人都会回头看我一眼。我觉得他们都在说我的闲话。”很明显，无论是大学校园还是公园，都是人来人往的公共场合。既然是在公共场合，就会有人交谈、有人欢笑，而这些却会让小 C 产生“有人在对我指指点点”的错觉。

总而言之，像小 C 这样极度敏感的人时不时就会产生“关系妄想”，他们总是习惯性地把与自己毫无关系的事物强行和自己扯上关系。如果总是庸人自扰，他们就会生活得很艰难。

无论做什么事情，有的人总会自动联想成对方在鄙视自己，我将这类情况称为“被鄙视妄想”。

其实，这个世界上有很多正能量，你要相信这一点。外界环境并没有你想象得那样恶劣，人心也绝非险恶。你用什么心态对待生活，生活就会还你什么样貌。如果你总在极度敏感的状态下生活，你就会变成一只惊弓之鸟，每天都会感觉自己被恶意笼罩。你会感到愤怒、变得不快乐，如果这种情绪长期无法宣泄，你就会感到郁闷，甚至变得抑郁。

速效情绪脱敏胶囊

- 这个世界上有很多正能量，请相信这一点。
- 你用什么心态对待生活，生活就会还你什么样貌。

也没有人总在背后要害你

如果我们总是带着负面情绪对日常生活中的各种体验做出反应，那么时间长了，我们所做的反应也会有别于常人，并且不被人理解。

你能想象这样的生活吗？没有人能理解你。你明明在生气，却没人理解背后的原因，心中的沮丧和郁闷也无人能懂；你明明感到很受伤，却没人能消解你的痛苦。于是，你便会觉得“没人懂我”，并感到非常无助。

这个问题的根源是情绪敏感者过于自以为是。其实，被害妄想、被责妄想和关系妄想的根源都是自以为是。

自以为是的人总是自寻烦恼。他们目中无人，将自己的主观认知当作客观事实。仔细想一想，他们也是过得“随心所欲”的人，但他们的生活却要比普通人过得辛苦。

但是，任性的敏感者并不认为自己是在“随心所欲”地生活，就像喝醉的人永远都说自己没喝多一样。如果有一天他们认识到了自己的问题，就一定会觉得人生豁然开朗。

心理学家弗洛姆发现敏感的人大多都有“倦怠综合征”。例如，情绪敏感的人明明没有受到职场霸凌，却认为自己在工作中处处受欺负。他们会一直处于“心累”的状态。

在职场中，大家可能认为情绪敏感的员工是个大麻烦——他们自由散漫、不认真工作，也没有责任感。我身边的人对情绪敏感的员工的印象大多如此。

但对情绪敏感的员工来说，其实每一天的生活都过得很艰难。他们每天都牢骚满腹、愤愤不平，有着强烈的被害妄想，总觉得自己被人随意使唤，总觉得有“刁民”要害“朕”。

据我观察，身边的情绪敏感者大致分为两类。一类是自以为是的人，他们喜欢受人关注、喜欢被人赞赏。如果别人无意间忽视了他们或者冒犯了他们，就会引起他们的怨恨。相反，他们对其他人则漠不关心。因此在心理层面上，他们无法与人正常交往，也从不与人交心。他们是长不大的人，即使在成年后，他们的想法还是和小孩子差不多，事事都以自我为中心。

与这种“自我扩张型”的情绪敏感者相反，还有一种“自我消亡型”的情绪敏感者。他们自卑而敏感，觉得自己不如别人，什么都做不好。然而，无论哪种类型，他们都没有认清自我。

速效情绪脱敏胶囊

- 如果你总带着负面情绪，就容易感到心累。
- 认清客观事实，别自以为是。

长得丑的水果，都会努力让自己甜一点。

人也一样，如果觉得不顺心，就给自己加点“甜”。

第 2 章

情绪四则运算①：做加法

往好里想，给生活加点『甜』

你可不是最倒霉的那一个

心理学家丹·基利指出，有一类人属于“彼得·潘综合征”患者。他们是心理成长滞后的长不大的“巨婴”。

我们身边有很多“心理上没有成熟”的情绪敏感的年轻人。他们在潜意识中有一种“坏运气”思维，觉得自己永远是最倒霉的那一个。

他们常常聚在一起狂欢以摆脱孤独。从表面上看，他们喜欢聚会，可是在潜意识中却深受孤独的折磨。他们总爱炫耀自己朋友很多，一旦谎言被拆穿，他们便会勃然大怒。他们死死地抱住“我有很多朋友”这样的想法，因为上面附着他们的自尊心。

其实，他们只要和别人正常交往就可以了。但是对于这类人来说，他们不会主动交朋友，也交不到朋友。

如果任其发展，哪怕年轻力壮，他们也会甘于无所事事、游手好闲的生活状态。现在的“啃老族”不就是这样的吗？年迈的父母含辛茹苦地伺候着年轻力壮的子女，他们却把这当作天经地义的事。

情绪敏感的人是长不大的人，他们身上充满了自负心理和对父母的依赖。在心理上，他们还没有“断奶”，属于心理年龄还停留在 5 岁的“巨婴”。

情绪敏感的人喜欢被别人表扬。如果没有人夸奖他们，他们就好像失去了存在的价值。这也就是为什么那些自负者一旦心灵受到了一点点伤害，就会变得情绪低落，并且很难再恢复过来的原因。

“彼得·潘综合征”的基本症状体现于以下四个方面：态度、言行、思维方式和生活方式。

丹·基利认为，在12岁至17岁，他们身上主要表现为缺乏责任感、焦虑、孤独和性方面的问题；在18岁至22岁，他们又会出现自负心理和重男轻女意识。

然后，他们会发展为有社交障碍的人。这个时期又正好是他们结束学生时代、步入社会的时候。也就是在这个时期，他们进入公司，成了同事和领导眼中的情绪敏感的员工。

在现代职场中，很多情绪敏感的员工都很自负，而且往往缺乏责任感。根据丹·基利的说法，这些人到了45岁以后，抑郁和焦躁状况会愈加明显。

速效情绪脱敏胶囊

- 一个人的狂欢，也好过一群人的孤单。
- 就算没人表扬你，今天也是很好的一天。你的价值从来都不存在于别人的眼中。

因为害怕，所以敏感

情绪敏感的人容易陷入“倦怠综合征”，整个人变得很颓废。心理学家弗罗伊登·伯格认为，“倦怠综合征”患者大多具有“善良的初衷”和“错误的抉择”这两个特征。

打个比方，无论情绪敏感的员工是否有“善良的初衷”，他们都认为到现在的公司工作是一种“错误的抉择”。

有“倦怠综合征”的人大多没有明确的人生目标，缺乏正确的自我认知。

那么，这些人为何会没有目标呢？这是因为在他们还小的时候，周围的人都期望他们做这做那，而他们也总是千方百计地满足周围人的期望。

他们从未做过自己人生的主宰者。虽然在社会层面、在生理上，他们已经长大成人，但是在心理上他们还是幼稚的。

他们在做出抉择的时候，根本不清楚自己身处何种人际关系之中，又置身于哪种社会结构之中。

对于情绪敏感的人来说，让他们承认自己的弱点就像要了他们的命一样。

虽然有些情绪敏感的人在表面上看起来很开朗，但这不过是他们在强颜欢笑罢了。

心理学家马丁·塞利格曼通过实验证实，人们由于某件事情产生的无力感会发生转移。同样，人们由于偶发事件所产生的恐惧感也可能会在某种情境中被重新激活。

比如，小时候因为和父亲关系的不融洽而植入内心的恐惧感，在我们长大成人之后，仍会影响我们。在某些特定情境下，在和其他人交往时，我们童年时期“习得”的恐惧感仍有可能被激活。

除了现代职场，新生代家庭也是一样的。一些长不大的家长和情绪敏感的父母总是喜欢发脾气。于是，他们的孩子会因为害怕而不敢提出自己的见解。孩子在长大成人后，即使面对那些爱他们的人，也会因为有所忌惮而沉默寡言。

因为不善于自我表达，他们很多时候又会因为没能说出口而追悔不已。他们害怕对方发怒，然而实际上，他们是在为不必害怕的事情而惶惶不可终日。

对于敏感的人来说，即使对方性格和蔼，他们也会毫无根据地将对方臆想为一个“霸凌者”，于是在对方面前就会变得畏首畏尾。

速效情绪脱敏胶囊

- 找到明确的人生目标，从真正了解自己开始。
- 试着表达内心真实的想法，不要有所忌惮。

容易“炸毛”的家长

我曾在一本书中看到过这样一个心理学案例。在实验者的布置下，每当铃声响起，电流就会从地板上的金属板传到马蹄子上。电击刺激导致马将蹄子抬离地面，这是一种条件反射。于是，这匹马将铃声和电击联系在一起。即使切断电源，每当铃声再次响起，这匹马仍会抬起蹄子。因为它逐渐相信，抬起蹄子就是正确的应对方法。

实际上，这匹马抬起蹄子的动作在电击时十分管用，但在没有电击时就毫无意义了。

那么，我们可以扪心自问，在孩子面前，自己是不是在扮演着情绪稳定的成年人？如果你的孩子从小就在责骂声中长大，这种生活经历让他不寒而栗，那么当他长大后在面临选择时，最基本的想法便是：一定要避免再次陷入那种生活才行。

人们因为不了解对方而理解不了对方的行为。在看到别人做出选择时，我们经常会百思不得其解：“为什么那个人会做出那样的选择？”因为从常识的角度考虑，他所做出的选择未免太不符合常理了。

但是，如果理解了他的那段经历，我们便会觉得他做出那样的选择是情有可原的。

小时候的恐惧不会轻易消失，孩子如果和情绪不稳定的父母一同生活，长大后就很可能会出现问题。

大家有没有听说过“情感记忆”这个概念？在我们的潜意识中存在着情感记忆，每个人都会选择不同的记忆存放于大脑之中。所以，潜意识中唤起的情感记忆也是因人而异的。无论是面对工作，还是面对人际关系，每个人都会有各自的处事方式。我们每个人在大脑中所存放的情感记忆也是不同的，如果不明白这一点，我们就无法理解他人。

比如，有的人生下来就“含着金钥匙”，有的人却出生在一贫如洗的家庭，我们每个人都面临不同的家境，我们的童年记忆也各不相同。

神经科学专家约瑟夫·勒杜说过：“每个人都有一个学习恐惧的机制。”

虽然情感源于大脑，但我们摆脱情感的影响比摆脱意识的影响要困难得多。

速效情绪脱敏胶囊

- 做情绪稳定的父母，别让孩子在责骂声中长大。
- 做成熟的父母，别给孩子留下不好的情感记忆，要知道摆脱情感的影响是一件很难的事。

敏感是一种惯性思维

你一定见过有的人被别人欺负了，却不知道如何反击。那么你有没有想过这是为什么呢？我认为这可能是因为当被欺负时，他在心理上已经习惯了认输的缘故。

那些没被欺负过的人可能会说：“你为何不反击呢？”“骂回去就好了呗！”但对于曾受过别人欺负的人来说，反抗比登天还难。

当有人飞起一脚踢了他时，他瞬间就“认怂”了。有的人可能觉得“踢回去不就行了吗？”如果你也这么想，那么你可能忽略了这个人的独特性——他可能自幼就遭受欺负，而这些事给他带来了心理阴影。

对于长期被欺负的人来说，当他被别人踢了一脚时，他就感觉自己像被一张无形的网罩住了一样。这就是幼年时期的心理阴影所带来的后果。

脑科学研究发现，一个人之所以会对某个问题产生畏惧，是因为他大脑中的扁桃核对危险有感知。所以，想要消除恐惧感，我们就要努力通过前额叶[1]的运作，改变扁桃核的恐惧机制，而且要做好进行很多次尝试的心理准备。

我们来自童年时期的心理压力和所遭受的打击会影响我们成年后的生活。

你相不相信只要母亲一失控，孩子就会失魂落魄？如果父母属于情绪敏感的人，那么对于在这种环境下长大的孩子

[1] 前额叶：大脑中负责思维、计划、情感需求的区域。

来说，他们要解决的最大问题便是如何克服已经深深植入头脑中的恐惧感。

每个人都不可能选择自己的原生家庭。如果万一你就是这个不幸运的孩子，如何消除心中的恐惧感呢？我建议你要及时处理不合理的信念。

你可能要问，什么是不合理的信念？你坚持的东西毫无道理，你却对此深信不疑——这就意味着你在坚持不合理的信念。虽然消除不合理的信念并非易事，但你必须去尝试。你要尝试做一些以前从未做过的事情；尝试学一些以前从未学过的东西；尝试去一次以前从不愿意去的地方。

我们很难改变自己的固定思维。情绪敏感也是一种思维习惯。比如，有些人是因为感到焦躁才去洗澡，有些人是为了洗掉污垢才去洗澡，总之，我们在成长过程中养成了各种各样的习惯并保持至今。尽管如此，还是请你试着改变一下固有的思维方式。还拿洗澡举例，我们可以一边交谈，一边洗澡，这样我们很可能就会吐露真心，缓解自己的焦虑情绪。

我们每天都会把垃圾装到垃圾袋里，然后把它扔到外面去。如果由敏感情绪所带来的焦虑和抑郁也能像垃圾一样能够随时被清理，那该有多好！

速效情绪脱敏胶囊

- 如果你的童年没那么幸运，你就要学着克服已经深深植入头脑中的恐惧感。
- 试着改变自己的情绪习惯，及时清除焦虑和抑郁情绪。

别让无心的一句话激活不好的情感记忆

情绪敏感的人很难控制自己的情绪。有时我们也搞不懂自己为什么会因为某句话而被激怒或变得如此消沉。某个人的一句话就能轻易把我们击垮。

脑科学家认为，这是因为那个人所说的某句话中出现了关键词，它瞬间激活了我们大脑中潜藏的情感记忆。

情感记忆是无意识的，它被储存在大脑深处而无法被感知。虽然我们自己意识不到，情感记忆却可以被别人的一句话激活。

当一个人有过某种悲痛的体验后，这种体验便在无意之中被储存下来，并随时会在某个时刻被激活。

打个比方，如果你遭受过某人的羞辱，这份奇耻大辱便会成为你毕生难忘的经历，甚至让你痛不欲生。很多年后，某个人的身影，或者某个人无意的一句话就会把你的痛苦经历激活。

未经他人苦，莫劝他人善。没有经历过这种痛苦的人肯定不会理解："那个人怎么这么敏感？他为什么会被这句话刺激？"

对于局外人而言，只不过是一句闲话而已。但是，对于曾经饱受折磨的人来说，这等同于将他以前所遭受过的痛苦又经历了一遍。

有些敏感的人可能会因为一句话而情绪失控、浑身颤抖。但是在旁观者看来，难免会产生疑惑："为什么随便一句话就会让那个人不停发抖呢？”

速效情绪脱敏胶囊

- 增加一点钝感力，保护好自己，别人的一句话并不足以让你情绪失控。
- 控制自己的情绪，内心稳定了，就不容易被外界的负面信息影响。

钝感的人觉得“那都不是事儿”

你有没有被人欺负过？你是如何看待这件事的？人们对同一遭遇的感知程度会有很大不同。钝感的人不认为自己“挨了欺负”，敏感的人却认为自己“挨了欺负”。举个例子吧，当过兵的人都应该知道“欺生”是一种什么体验，可心态好的人甚至认为那是一段不错的经历。

说自己“挨过欺负”和事实中“被欺负过”是两个不同的概念。有时候，只是你“觉得”自己被欺负罢了。

和当过兵的人的“美好回忆”相比，公司里的那点事儿根本就不叫事儿。

与同一位领导共事，有的人觉得自己被领导欺负了。他们会在被害妄想的怂恿下找领导大吵一架。

然而，并不是每个员工都在抱怨他们遭受了霸凌，有的员工可能还会觉得“这是难得的体验”。那些叫苦连天的人和那些一声不吭的人其实经历的是类似的事情，两者都没有撒谎，这都是他们真实的感受。

2016 年“职场 PUA”调查报告显示，“遭受过‘职场 PUA’”的人不超过职场人的 11.7%。尽管如此，过去三年间的报告却反馈有三分之一的职场人认为自己遭受过“职场 PUA”。

据此，我们可以推断，人们对于被霸凌的认知存在较大的个体差异。

调查报告中写道：“这反映了每个个体不同的心理和精神状态。因此，对于某个人的某句话在事实上是否构成‘职场 PUA’，不同的个体之间存在不同的观点。”

对每个职场人而言，他对“领导”的理解也有所不同。

本来，人们对于公司的看法就褒贬不一。有人工作时不情不愿，也有人将工作视为生活的全部。仅仅是这种认知上的差别，就会导致不同人对领导的同样一句话产生不同的解读。

在“如何看待老板”这一点上，每个人的观点都有可能不同。

总之，人们对自己在职场中是否受了欺负这件事的看法不尽相同。对于同样一件事情，敏感的人认为这构成了职场霸凌；而钝感的人则不以为然，他们睡一觉就把这件事抛到九霄云外去了。

速效情绪脱敏胶囊

- 换个角度想问题，你可能就不会觉得自己被欺负了。
- 不让不愉快的事情总在心头萦绕，忘掉不快，才能给快乐腾出空儿来。

宽容的家长培养出有安全感的孩子

情绪敏感的人总是以自我为中心，甚至有些自恋倾向。这样的人无法客观地看待事情，与人交往时也不会变通。最重要的是，他们很难真正接受对方的观点。

我们在不同的家庭环境中长大。正如我在本书中多次提到的，有的人生于“地狱”，有的人生于“天堂”。

有的人从小就经常遭受父母的批评。无论是在学习上还是在生活中，即使他们并没有表现得很糟糕，也会像失败者一样被父母苛责。父母经常把情绪发泄到他们身上。于是，他们会将失败视作威胁。只要情况略有不妙，他们便会感到焦虑不安。

有的人整天生活在父母的责备中，而有的人则生活在相对宽松的环境中，这两种人在成年后对恐惧的认知是完全不同的。与那些在宽容氛围中长大的人相比，被紧张而敏感的父母带大的孩子对于压力的承受能力明显偏低。

人格心理学家高尔顿·奥尔波特写过一本关于偏见的书，他提出一个词叫“威胁取向”。持有偏见的人大多有“威胁取向”。

而且，与那些在宽容的家庭氛围中长大的孩子相比，在家教严厉的家庭中长大的孩子更容易出现这种“威胁取向”。有着“威胁取向”的人，他们的人格中往往潜藏着一种不安心理，而这种不安和焦虑又会让他们在长大后变得极度敏感。

如果你有一个整天担惊受怕的童年，那么你就有可能有

“威胁取向”。如果一个人对周遭的世界畏首畏尾，那么在他的人格深处必然潜藏着不安和敏感。我们可以试想一下，一个有“威胁取向”、整天内心充满不安的人自然是无法直面成年人的世界而不退缩的。

一般而言，什么样的父母就培养什么样的孩子。宽容的孩子大多成长于宽松的家庭环境。他们从小受人欢迎、被人认可，可以做自己想做的事。他们没有遭受过严苛的惩罚，也很少被无端责骂。他们不用像经常受到惊吓的小兔子一样，时刻保持警惕，以免遭受父母的雷霆之怒。

速效情绪脱敏胶囊

- 做宽容的家长，你的孩子会更有安全感，也更容易感到幸福和满足。
- 宽容的孩子大多成长于宽松的家庭环境。

加点“甜”吧，别当生活的苦行僧

在有些孩子，尤其是处于青春期的孩子眼中，他们的家庭更像一个以“家”命名的“笼子”，他们就在这样的“笼子”中长大。从小时候开始，就有人拿“要搞砸了”“要完了”这种话来威吓他们，而他们也在这样的环境中长大成人。

在成长的过程中，现实成为他们的敌人。很寻常的生活事件对他们来说都会成为威胁。他们就是高尔顿·奥尔波特所说的有“威胁取向”的人。

在成长过程中缺乏安全感的人遇到困难时会产生恐惧心

理。即使是客观上并不那么困难的事情，对那些有较强“威胁取向”的人来说，也是个一道很难迈过去的坎儿。

在被恐吓的环境中长大的人，他们通常是悲观主义者。对他们而言，现实生活中很寻常的一件事都可能是一种威胁。

职场上也是如此。即使是那些客观上不构成“职场PUA”的情况，在有“威胁取向”的人看来，也好像自己遭受了天大的委屈。

情绪敏感的人更容易把领导的批评教育理解为“职场PUA”。他们好像每天都生活在一个危机四伏的世界里。

贝兰·沃尔夫曾说过“现实是人类的朋友”。如果我们不能把现实当作朋友，那么就永远不会消除烦恼。

情绪敏感的人是悲观主义者，他们更容易厌恶自我。对于厌恶自我的人来说，他们一直生活在“如果不这样，我永远都没法原谅自己”的“枷锁”中，一直生活在“如果不这样，周围的人都不会原谅自己”的“牢笼”里。

走在这样的人生路上的人如同苦行僧——惶惶不可终日，在情绪内耗的陷阱里无法自拔。

这种敏感不安的心理可以追溯到童年时期。在充满偏见的环境中成长的孩子身上，“威胁取向”很常见；在宽松的环境中成长的孩子身上，“威胁取向”却较为罕见。

不知道大家有没有发现，职场中有些人明明自己没付出太多努力，却会不负责任地对他人妄加指责。有“威胁取向”的人会将这种不负责任的人所说的不负责任的话当成“圣旨”——就像对待他们小时候那些批评他们的“大人物”一样。

在鼓励中长大的人和在威胁中长大的人，其心态必然不同。我们可以设想一下，敏感的你认为是客观事实让自己蒙羞。于是，你会扭曲事实，对其进行不正确的解读，偏见也由此而生。随后，为了防止自我价值被剥夺，你会固执地保持偏见。通过这种方法，你觉得自己是有价值的人。其实，偏见也算是一种“心灵自残”的行为。如此一来，你就丢掉了生活的其他可能。

然而，我坚持认为：我们一旦发现了内在的原因，就可以创造一个全新的灵魂，并赋予它全新的洞察力。因此，情绪敏感是可以被克服的。

如果你在成年后，仍然感觉周围的人都是敌人，这很可能是因为童年时你一直生活在被恐吓的环境中。克服这一点是一大难题，但也是让人内心变得强大的不可或缺的一环。为了克服这种恐惧心理，心理学家罗洛·梅提出了增强“自我内生力”的主张，也就是说，长大成人的我们要在心中滋生一种强大的力量，扭转自己的惯性情绪。

速效情绪脱敏胶囊

- 在心中滋生强大的力量，扭转自己的惯性情绪。
- 别做生活的苦行僧，找到“自我内生力”。

别让内心的不安放大你的痛苦

敏感的人喜欢钻牛角尖，内心深处潜藏着不安。

哈佛大学教授亨利·诺尔斯·比彻做了一项有趣的实验。他对负伤的士兵和一般患者进行了麻醉剂实验（数据来自 300 名男性患者）。结果，只有 32% 的受伤士兵要求用麻醉剂，而普通民众要求的比例则高达 83%。

虽然这些士兵大都负伤在身，但他们没有惊慌失措，精神状态也很稳定。他们都表现得很乐观，甚至还很开朗。

令人惊讶的是，这些在战争中负伤的士兵会很快从痛苦中解放出来。而普通民众对疼痛做出的“反应”往往要比“疼痛”本身更强烈。

为什么呢？我们可以想象，士兵们被从战场上运送到战地医院就意味着他们从一个让人绝望、危险的地方撤到了一个相对安全的地方。对那些士兵来说，灾难已经结束了。

简而言之，我们对痛苦的反应会远远超过痛苦本身。所以，别让内心的不安放大你的痛苦。

速效情绪脱敏胶囊

- 你对痛苦的反应也许远超过痛苦本身，别让内心的不安放大你的痛苦。
- 拥有平常心，遇事不要钻牛角尖。

你想的不一定就是事实本身

事实分为两种，一种是客观事实，另一种是心理事实。客观事实和心理事实大有区别。

无论你现在感受到的是担心、恐惧、沮丧、焦躁、愤怒还是怨恨，都请你记住一点：你根据某种情况做出的反应，并不一定是唯一正确的反应，也不一定是最好的反应。

在工作中，如果你觉得自己受到了霸凌，先别急着下结论，也许情况并没有你想得那么糟糕。

我发现，情绪敏感的人没有稳定性。在公司里，这样的人往往会随时辞职。他们的婚姻关系也不太稳定。

情绪敏感的人有依赖心理，他们渴望得到别人百分之百的肯定。心理学家认为，有恋母情结的人会选择像母亲那样的妻子，他们需要一个能像母亲一样呵护、喂养、照料他们的女性。如果找不到这种女性，他们就会陷入轻度焦虑和抑郁之中。

换句话说，这类人正处于一个倒退阶段，他们和情绪敏感的人一样，希望得到表扬和保护。只要对方不给予赞美，他们就会觉得自己被批评了。

这种人渴望得到赞美，就像有的人希望自己永远是“妈宝”。孩子对母亲的依赖包括“母亲对自己的偏爱”和“自己对母亲的占有欲”两种。他们想独占母亲，也想被母亲独占。

当这种需求没能得到满足时，所产生的挫败感就会滋生敌意。在多数情况下，这种敌意会产生于无意识中，它将主宰这个人的人生。

速效情绪脱敏胶囊

- 如果你觉得别人欺负了你，先别着急下结论，也许情况并没有你想得那么糟糕。
- 内心独立，不依赖任何人而生活。

用成人的思维解决问题

情绪转换是一个重要的心理学现象。精神病学家弗里达·弗洛姆·赖克曼对此使用了“转换”一词，意思是“互换”。

例如，留学生将在波士顿大学取得的学分拿到早稻田大学，将其变成早稻田大学的学分，这就是转换。

又比如，你把钱从自己的活期存款账户转到定期存款账户中，这也是一种转换。

我们在人际关系中也会遇到类似的情况。

比如，我正与某个人交往。假设我和那个人之间有各种悬而未决的难题——那么，我目前的人际关系就可能不是很好。

无论是在恋人、朋友、同事之间，还是在夫妻之间——如果敏感的你发现自己的人际关系出现了问题，那么这些问题可能就是过去悬而未决的问题的转换。

例如，向我咨询的小 D 从小就与父亲保持着一种“既服从又敌对”的矛盾关系，他为此感到苦恼。表面上，小 D 对父亲唯命是从；而在潜意识中，他又对父亲怀有敌意。在他的内心中，这种矛盾关系没有得到妥善解决。

于是，这种矛盾关系被他转换到了现在的人际交往中，他觉得自己的人际关系出现了问题，他无法坦诚面对身边的人。

成年后的人际关系问题往往是由儿时与重要的人之间

的、没能解决的困难转换而来的。虽然我们已经长大成人，但是儿时那些难解的人际关系问题仍然束缚着我们，让我们痛苦不堪。

换句话说，作为一个成年人，如果你现在还面临着较多的人际关系问题，那说明你很可能还没从幼年时不好的人际关系中逃离出来。

无论如何，能否摆脱幼年时期来自关键人物的心理束缚是一个重要的人生课题。

速效情绪脱敏胶囊

- 你现在面临的问题，有可能根源于童年时期没有解决的问题。
- 别把对父母的不满转换成对领导和同事的敌意。

凡事不钻牛角尖，给情绪减负，从按下删除键开始。

第3章

情绪四则运算②：做减法

避免情绪内耗，让快乐变得简单

你本来就很可爱，这和有多少人爱你无关

有些人总是说，“我被欺负惨了”。但是，如果他们真被欺负了，那么他们应该为自己熬过他人的迫害并拥有今天的生活而感到自豪。克服了重重困难走到今天，这恰好证明了他们能力出众。

如果有人不以自己的过去为荣，只是在抱怨自己受到了伤害，那么也许他实际上并没受到多大的伤害。换句话说，他可能只是有被害妄想倾向。

一直在抱怨生活亏待了自己的人，可能只是一个情绪敏

感而又极度渴望爱的人。他固执地认为自己受到了伤害。这种被害妄想心理可能是欲望得不到满足的“变现”。

还有一种可能性，就是他是一个被动的人，他总是以受害者的心态来看待人际关系。如若不然，他在控诉自己被人欺负的同时，心中应该有一种“我挺过来了”的自豪感。

弗洛姆在他的人格类型学说中，提出了“接受型人格”这一概念。

在家庭中，你要留心孩子是不是属于这种人格类型。当父母在家庭中说一不二时，孩子就会去迎合。他们就是听话的“好孩子”。然而，他们同时也会认为自己从未在真正意义上得到过父母的爱。

如果孩子在这种环境中长大，尽管他们的身体和社会经验都有所成长，但在心理层面上，他们却并没有长大。所以，他们强烈需要“爱”，需要“被人爱”，而不是“爱别人”。这种被动心态和自恋心态，让他们成了被害妄想意识很严重的人。

速效情绪脱敏胶囊

- 不要否定自己的过去，没有过去就没有成长。
- 别总是抱怨生活亏待了你，把它看作一种特殊的经历和奋发的动力。
- 做自己，没有必要总是迎合别人。

手里拿着锤子，看谁都像钉子

没有被爱过的人也不会有爱人的能力。然而，他们当中仍然有人试图去关爱他人。

这就像一个人自己手脚受伤、缠着绷带，当他看到一个醉汉走来，却还想着去照顾他一样。这种人渴望被关爱，希望得到周围人的表扬。

即使这个缠着绷带的人被醉汉一脚踢开，那么他也希望有人为他打抱不平：“你好心帮他，他却踢了你一脚，你真可怜。”

渴望被爱的人喜欢重蹈覆辙。一旦他们被别人问了一句“你没被踢坏吧？”想必他们还会去帮助那个醉汉。

情绪敏感的人总是喜欢自我怜悯，渴望别人的同情和关注。纠缠不休的人总认为自己是救世主，只要自己给别人一点建议或帮助，对方就会感激涕零。

他们会将“我还不是为了你好嘛”挂在嘴边。如果你不理他们，他们就会埋怨：“我对你这么好，你还不感恩？！”

那些说着“我明明是为你好”的人，在潜意识中总觉得别人不行，并且总觉得“大家都不理解我”。

卡伦·霍妮列出了一些愤怒的类型。她说，有时愤怒被自由地表达出来，有时则表现为强调自己的“被害”遭遇。

当愤怒越是没有任何理由的时候，人们所表现出来的愤怒就越是夸张。

面对愤怒带来的恐惧，有人选择迎击，也有人选择逃避。如果不去面对它，愤怒就在不知不觉中被压抑下去，导致诸如抑郁症等不良后果；如果不去面对它，愤怒将继续存在于潜意识中，并不可避免地产生攻击性。

这种愤怒和仇恨的变形就是被害妄想。敏感的人有时害怕见人，他人的目光会让他们感到不适，这是他们被害意识的一种表现。

速效情绪脱敏胶囊

- 强扭的瓜不甜。不必强求别人的同情和关注。
- 勉强没有幸福。不必一厢情愿地给别人建议或帮助。

不喜欢就离开，别纠缠

被害妄想是攻击性的伪装，痛苦是责备他人的一种手段。

当一个人说着“我好痛苦”的时候，虽然字面意思是“我好痛苦”，但言下之意可能是“我恨你！你伤害了我，我想揍你一顿。”

敏感的人有很多优点，但也有很多缺点：

- 悲观主义；
- 被害妄想；

- 自我怜悯；
- 喜欢当“背锅侠”。

这些都是“隐形怒火”的外在表现。敏感者的潜台词就是“请对我再好一点”。这体现了他们强烈的依赖性和充满敌意的纠缠。他们寻求他人的照顾，同时又违逆照顾他们的人。

自我贬低者和自恋者很容易受到伤害。而当他们受到伤害时，他们就会充满敌意。

不过，“由依赖性产生的敌意”与“由自恋产生的敌意”是有区别的。

由依赖性产生的敌意是对“依赖对象”的敌意。他们对别人抱有敌意却又离不开对方；他们对别人抱有敌意，却又纠缠不休。

相反，如果是由自恋产生的敌意，“摧毁对方”的欲望比“纠缠对方”的想法更强烈。

也就是说，依赖性敌意让你讨厌对方，但又离不开对方。自恋性敌意让你不想再看到对方，甚至想摧毁对方。

当自恋者受到伤害时，他就会想：“我该怎么办呢？”此时，为了捍卫自我价值，最“简单”的方法就是诉诸被害妄想。

速效情绪脱敏胶囊

- 如果你讨厌对方就干脆远离他，没必要纠缠下去。
- 摆脱依赖，自己的快乐自己找。

不如现在就停止抱怨

悲观主义是隐形的怒火。阿德勒认为，“悲观主义是经过巧妙掩饰的攻击性”。这是一个相当高明的见解。

有的人喋喋不休地诉说他们对生活的悲观。

即使有人告诉他们：“你不要再说这种丧气话了，有意义吗？快别说了吧。”他们也停不下来。这是他们表达情感的方式，不可能停下来。

之所以停不下来，是因为他们在受伤后必须发泄情绪。如果表达情绪时被别人打断，他们都会感到不舒服。

敏感的人很容易受到伤害。当他们受到伤害时，就会产生愤怒和敌意，攻击性也随之而来。然而，这种攻击性未必会直接表现出来。

如果自恋心理受损而又无法表达的话，那么它就会经过巧妙的掩饰，最终以悲观主义和被害妄想的形式表现出来，甚至会产生抑郁情绪；而这种消极心理会消耗你很多精力。这就是为什么悲观主义者会喋喋不休，且无法停下来的原因。

除了悲观主义，还有另外一种被害妄想。人们为了自尊心不受伤害，往往采取受害者的立场。他们为了恢复受伤的心灵，就会伪装成受害者。因此，当我们受到伤害时，我们有必要问一下自己："这件事真让我受伤了吗？"

正是因为我们身上的自恋心理问题悬而未决，我们才会受到伤害。如果我们在心理上变得成熟，解决了自己的问题，就不会轻易被别人的言行所中伤。

对于同样的情景、同样的一句话，并非每个人都能坦然对待。情绪敏感的人甚至会被善意的忠告所伤害。如果是一个钝感的人，他会说一声“谢谢”以示感激。但敏感者却感觉自己很受伤，而且会很生气。

速效情绪脱敏胶囊

- 让自己成熟起来，就不会轻易被别人的话所中伤。
- 消极心态会过度消耗你的精力，试着现在就停止抱怨。

没事儿，总能跨过心里的那道坎儿

攻击性和自恋心理密切相关。当一个敏感的人受到伤害时，他就会变得冷酷无情，需要抚平伤口。

对于自恋型情绪敏感者来说，即使是最轻微的冷落，也是一件不得了的事情。这件事情如鲠在喉，他们必须千方百计地把它拔出来。这些受到伤害的人从早到晚都想着如何扳回这一局。

自恋型情绪敏感者在受到伤害后就会极具攻击性。如果你对此不了解，也就无法理解近年来青少年犯罪剧增的现象。他们可能只是听到了些许恶言，就会犯下惊人的残暴罪行。

敏感的自恋者有一个特点，就是他们需要通过明确的行动去治愈这个伤口。

在日常生活中，能否控制自恋心理也成为敏感的人能否处理好人际关系的关键因素。如果处理得不好，他们就无法过上幸福的生活。

速效情绪脱敏胶囊

- 学会给生活“翻篇儿”，原谅别人，也放过自己。
- 不是每件事情都要有结果，别钻牛角尖。

克制你的冲动情绪

当自恋心理受到伤害时，有些情绪敏感者就会有暴力倾向。

如果夫妻中的一人是情绪敏感的人，当他或她的自恋心理受到伤害后，就容易演变成家庭暴力。

家庭暴力可能表现为直接对配偶施以暴力，也可能表现为朝墙上乱扔东西。

青少年所犯下的令人难以置信的暴行很多都是情绪敏感的青少年的典型行为。当自尊心受到伤害时，他们为了报这

“一箭之仇”，就会演变成攻击行为。

速效情绪脱敏胶囊

- 自尊心太强，也不一定是一件好事。

我们都不要太“玻璃心”

在关于自恋者的研究中，我们将自恋分为两种类型。

现在所描述的是非抑制型的自恋，也就是所谓的浮夸招摇型自恋。

相比之下，另一种类型的自恋属于脆弱敏感型，即抑制型自恋。

两者看似毫不相干，却是两种典型的自恋。

自恋者也分两种类型：一种是露骨的、高调的，他们心中的自我形象光辉而又伟大。另一种是极度敏感的、低调的，他们内心脆弱、敏感易伤。

情绪敏感者大多属于后者。这种自恋者极度敏感而又容易受伤，他们是内向的、防御性的。

虽然这两种类型从表象来看是对立的，但二者的利己主义和对他人的漠不关心则是共通的。

脆弱敏感型自恋与悲观情绪相关。

虽然低调型自恋和高调型自恋的表现大相径庭。然而，二者都有相同的心理问题，以及由此引发的各种心理障碍。

至于那些浮夸招摇型的自恋者，他们从表面上看好像勇猛无比，但在潜意识里却胆小如鼠。只有通过浮夸招摇，他们才敢面对现实。

假如有一个高中生宣称要征服世界，他看上去似乎是野心勃勃，但实际上是小肚鸡肠。只要不夸下海口说什么要“征服世界”之类的话，他就无法面对现实。

对于正常人来说，即便不需要这样的“豪言壮语”，他们也能和大家正常交往。对赞美之词，他们并没有那么多渴望。

有些人虽然不说“我要征服世界”之类的“豪言壮语”，但是总喜欢吹牛皮，现实中他们并没有为之付出多少努力。他们还会取笑那些认真生活、每天都在努力的人。

由于潜意识中的恐惧感和自卑感，当接触到优秀的人时，他们就会感到不安；如果不取笑对方，他们就会心神不宁。

你有没有见过那些好吃懒做、满口大话、还对别人指指点点的人？像这样的人，就是浮夸招摇型的自恋者。

我将这两种类型的自恋者的特点总结如下。

- 脆弱敏感型自恋者：内向、防卫型、不安。
- 浮夸招摇型自恋者：外向、展示型、有攻击性。

自我放纵和目中无人，似乎有所不同，却又有所关联。

我认为，情绪敏感者的精神内核是脆弱的。

但无论是哪种类型，自恋者都需要别人的赞美。

低调型自恋和高调型自恋，二者差异很大，但都可能导致心理问题，引发一系列的心理障碍。

自恋者的自我评价与正常人的自我评价是不一样的，能够认识到这一点非常重要。正常人的自我评价是对自己的本领和特性的认知，属于自我认可。

所以，即使没有豪言壮语，他们的情绪也十分稳定。他们不需要去取笑那些声名显赫的人，他们照样可以过自己的生活。

相反，自我展示型自恋者会将优秀的人视为一种威胁。每当在电视里看到优秀的人，自恋者就想方设法去侮辱他们。总之，只要是比自己优秀的人，这些自恋者就会去嘲笑他们。

只能通过批评别人来获得自我满足，这就是自我展示型自恋者的作风。

自我展示型自恋者的核心特征是潜意识中的自卑感和自我意识中的优越感。

通俗地说，自我展示型自恋者的潜台词就是："我完全没自信啊，这可如何是好？""我没有自信啊！"这就是他们内心的展现。

而在他们的自我意识中，则另有一种不可动摇的、被夸大的自信："我有十足的把握，对自己绝对信任。"

速效情绪脱敏胶囊

- 认可自己，其实你本来就很棒——这一点，不需要别人来证明。
- 每天保持稳定的情绪，生活是你自己的，别人牵制不了你的情绪。

情绪是你的自留地，不是别人的跑马场

总之，有的自恋者喜欢显摆，他们的情绪十分不稳定。别人表扬他，他就会心花怒放；别人不表扬他，他就郁郁寡欢。

万众瞩目、成为话题焦点——只有这样他们才会感觉良好。如果他们不受关注，就会不爽。

对于自我展示型自恋者来说，他们的一言一行都是奇怪的。可能他们刚才还是慈眉善目，瞬间就变得暴跳如雷。

相反，脆弱敏感型自恋者对批评很敏感，却不会公开做出反应。他们是名副其实的“隐蔽型自恋者”。

隐蔽型自恋者，即内向的、防御型的自恋者，他们从来不直接表达愤怒，而是将其伪装成悲观主义和受害心态后再加以表达。

那些被称为脆弱敏感群体的人，就是隐蔽型自恋者。

弗洛伊德认为，自恋是一种将自己与世界联系起来的方式。与弗洛伊德不同，阿德勒提出如下看法：人是一种社会性动物，自恋型人格并不占主导地位。自恋是一种排斥异己的心理，是一种不正常的情绪。

与其争论弗洛伊德和阿德勒谁更正确，我们不妨将自恋视为儿童时期的一种正常的心理。我认为，人生来就自恋，但是当人在成长的过程中不断被关爱时，这种自恋心理会逐渐消失。

这里所说的自恋心理，不是那种夸夸其谈，“老子天下第一”的自恋心理。

速效情绪脱敏胶囊

- 成为焦点人物会让你感觉很好吗？可能有时候这也会成为一种负担。
- 自恋是儿童时期的一种正常的心理。

有人赞美你，就有人批评你

说到底，如果一个人因为他人的言行而感到自我价值被剥夺，这本身就是不正常的。

其实，对方也许只是一个沽名钓誉的偏执狂。在心理层面上，这类人与酗酒者如出一辙，只不过他们所依赖的不再是酒精，而是名誉。

如果你擅长察言观色，就会明白这类人是一群冷酷的利己主义者，是一群以自我为中心的人。他们沉沦于内心纠葛之中，从不考虑他人，只关注自己的利益。

所以，即便受到了他们不公平的对待，这也与我们的自身价值毫无干系。

“冷酷的利己主义者”和“沽名钓誉的偏执狂”无视了我们的看法，但对自己的无礼行为毫不自知。

我们对他们所说的话“左耳进、右耳出”，也不是什么问题。因为他们这类人本来就失去了倾听的能力。即便他们对我们的观点视若无睹，我们也不应该觉得自己的价值被剥夺了。

不过，敏感的自恋者却不这样认为，一旦自己的观点遭到忽视，他们便会怒从心头起。

自恋者会因这样的人而变得魂不守舍。这种人会让他们“魂牵梦萦”、难以自拔。

就在自恋者对其日思夜想、百般揣摩之时，内心也早已成了“冷酷的利己主义者”的俘虏。

这一切只因为他们没和坦率真诚的人有过推心置腹的交流，也没经历过那种相互信赖的人际关系，所以才会被“冷酷的利己主义者”乘虚而入，占据内心。

如果他们曾与坦率真诚的人推心置腹地交流过，内心就不会被虚伪的人所占据了。但遗憾的是，自恋者目中无人，内心总是一张白纸。

正是因为内心一片空白，才会让那些出言不逊的人有了可乘之机。

如果曾与坦诚的人推心置腹过，你就会觉得：“像那样的人，就随他去吧。”

如果曾与坦诚的人有过信赖关系，你就能在人际关系中把握距离感，懂得对什么样的人需要好好珍惜，对什么样的人应该不予理睬。

但在人际交往中，敏感的自恋者是把握不了这种距离感的。

弗里达·弗洛姆·赖克曼所说的“求爱时饥不择食”，就是在说自恋者。成长过程缺乏关爱，说的也是自恋者。

自恋者不会因为关心他人而劳神。

速效情绪脱敏胶囊

- 做自己的主人，不要成为别人的俘虏。
- 在任何一段关系中，都是你给我“珍惜”，我还你“值得”。不管友情还是爱情，双向奔赴才有意义。

对这世界抱有兴趣，又有所提防

自恋者只会为了给别人留下一个好印象而寒暄应酬，但不会出于沟通交流的目的而问候他人。

当自恋者对他人表达关切时，也并非真的是在关心别人，而是想在对方的心中树立起较好的形象。这是一种自负式的“关怀”。

这就是为什么他们有时会对他人给予过度关怀的原因。而有些人也将此视为可乘之机，欺之诈之。

自恋者对自己内心的空虚一无所知，对自己的寂寞也毫无察觉。

此外，在自恋者的心中，还有一种根深蒂固的恐惧。

他们一方面对周围的世界心存畏惧，另一方面对周围的世界漠不关心。正因如此，他们才会毫无戒备。

也正因如此，他们才会经常被身边狡猾的人所利用、欺骗。

而对于有钝感力的人来说，他们在安稳的环境中长大，不会被周围的世界吓倒，对周围的世界抱有兴趣，也对周围的世界有所提防。

速效情绪脱敏胶囊

- 做一个内心充盈的人，不给流言蜚语挤进心里的机会。

- 在人际关系中把握距离感——有的人是朋友，有的人只是路人。
- 对外面的世界抱有兴趣，也保持警惕。

做成熟的父母

“自恋者寻觅着‘补足型自恋者’。”

对此，苏黎世大学的教授从男女关系的角度加以解读。但我认为，对于这一点，最为典型也是最具代表性的，应该是亲子之间的关系。

如果父母是自恋者，天性善良的孩子就会被父母裹挟，被迫扮演一个“补足型自恋者”的角色。

著名的儿童研究专家约翰·鲍尔比将此称为“亲子角色的互换”。原本，应该是由父母宠爱孩子的，然而亲子的角色却发生了易位。也就是说，变成了孩子不得不去“宠爱”父母，满足他们的要求。

如果配偶中有一方是自恋者，那么夫妻关系就不会融洽——这个人对伴侣会吹毛求疵。

这就是所谓的“自恋的父母难偿所愿，于是想从孩子身上找补”。他们希望自己的孩子成为“补足型自恋者”。

在那些被迫成为“补足型自恋者”的孩子身上，会发生惨痛的悲剧。

自恋的父母控制善良的孩子，让他们相信自己是全知全能的“神”，不断强迫自己的孩子，直到他们信以为真。

而善良的孩子相信父母是全知全能的“神”，给父母带去了心理上的安定。

从“立于被害妄想立场，强调不幸以博取同情和关注”变成“与他人通力合作”，从“自私自利”变成“关爱他人”，要像这样改变活法，可是相当不容易的。

也就是说，要将情绪敏感者“清零”，并不容易。

速效情绪脱敏胶囊

- 做成熟的父母，对孩子不要太苛刻。
- 敢于挑战权威，谁都不能操控你。

敏感的家庭

在儿童心智走向成熟的过程中，积极的关怀必不可少。

然而，自恋者从不会积极地关心他人。如果父母是自恋者，那么他们孩子的心智也很难成熟。

总而言之，自恋者总是作茧自缚，内心的苦楚让其无法自拔。

对孩子，自恋的父母毫不在乎。有这种自恋的父母在，家庭生活也不可能和谐。

对孩子们来说，与这种家人相处，感受不到生活的意义也是理所当然的事情。

于自恋型父母而言，处理内心纠葛已让他们精疲力竭，哪还有精力去关心孩子的苦乐？

说到底，自恋的父母根本“没有能力”去共情孩子的喜悲。

也就是说，自己的生活就已经让他们焦头烂额了。即便目前的亲子关系已经成了一种悲剧性的关系，自恋的父母也无法理解。

他们甚至无法想象什么是“为人父母的责任感和幸福感”。他们觉得，做父母就是个负重前行的累活儿，是一桩不公平的差事。

自恋的父亲会有一种“只有我必须去工作”的愤恨。这就是一种受害者的心理。所以，他总是会对家里人说："是我在养家！"

做家务的自恋的母亲也是同样的情况。她也会烦躁："为什么我要遭这份罪？"这也是一种受害者的心理。

如果父母是自恋者，那么家庭成员之间必然是貌合神离的。无论他们经历了什么，都无法彼此产生共情，相互之间也无法交心。

在这种家庭里，孩子在和家人相处时根本感受不到生活的意义。

我认为在全世界范围内，在和家人相处时最感受不到生活意义的，就是现代的年轻人。

内心纠葛耗尽了自恋型父母的精力、磨灭了他们的感情。他们完全感受不到养育子女的天伦之乐。

倘若自己的生活已让你觉得分身乏术、疲于奔命，养育子女自然难成一桩美事。

然而，如果满世界都在讨论生儿育女的负担，那么年轻人都不会想要孩子了吧。

没有比自恋者更不适合做父母的人了。要知道，孩子们的成长是需要呵护的。

然而自恋者希望作为父母的自己能得到宠爱——他们自己还是个“大宝宝”呢。

正是由于渴求被爱而不得，才导致了他们的受害者心态。

速效情绪脱敏胶囊

- 当生活磨灭了你的热情时，可爱的孩子也变得让人讨厌。
- 担负起家长的责任，给孩子积极的关怀。

调整好工作状态，拒绝“消极合作”

我认识一位年轻人小 Q。他有这样的烦恼：“无论跳槽多少次，我都和老板合不来。”

我一开始以为他是和现在的老板合不来，实则不然。

后来我才知道，他在和他父亲的关系中，还有没解开的心结。在成长过程中，他没经历过叛逆期。他绕开了这个阶段，在对父亲的唯命是从中长大成人。于是，在不知不觉之中，他对父亲产生了强烈的敌意。

这种针对父亲的、隐藏的敌意，如今调转矛头，转向他的老板。无论跳槽多少次，他都无法和老板和睦相处。这样看来，他和领导的糟糕关系根本就不是问题的本质。

正是过去悬而未决的问题“转化”成了眼下的麻烦。

美国作家、咨询师卡特·斯考特曾在美国各地举办过讲座和研讨会。他写了一本书，书名为《消极合作》。

“消极合作”涉及一系列综合性心理问题。比如，有的员工下意识地自我否定，认为自己的目标遥不可及。最终，他不仅放弃了自己的目标，还粉碎了公司的梦想和愿景。

为此，在这本书第一章的开头，作者还谈及了如何重建公司的人际关系。

当员工把自己儿时形成的问题行为带入职场中时，就会引起“消极合作”。如果对这种状况不管不顾，公司就会被员工的这种问题行为所裹挟、支配。

换句话说，职场人际关系问题的本质就是：员工将过去没有解决的问题“转化”成了眼下同事关系中的麻烦。

以下是书中举的一个例子。

托比是市场部的部长，他与女下属不和。而女下属之所以不高兴，是因为她们觉得从部长那里得不到帮助。

对此，托比回应道：“我更喜欢和成年人一起工作，请原谅我不愿插手每个琐碎的纠纷，我也不想逐条处理下属的每句抱怨和牢骚。”

速效情绪脱敏胶囊

- 调整好工作状态，拒绝“消极合作”。
- 工作中切莫对号入座，不要复制以前没有处理好的关系。

摘下你的有色眼镜

下面，我接着说卡特·斯考特处理的这个咨询案例。咨询师面谈了所有人，打听了部长托比和女下属不和的原因。随后，咨询师弄明白了这位部长为什么和女下属不和睦了。

部长："我有 5 个妹妹，我是兄妹 6 人中唯一的那个男孩。我曾经和母亲无话不谈。然而，不知为何，某天母亲突然消失了。几周后，我被告知她患上了神经衰弱。她不在家的那段时间，我必须代替她去照顾妹妹们。终于，她回来了，但与以前判若两人，从前我和她之间亲密无间的关系已经一去不复返了。我逝去的光阴依然无法弥补。”

他的眼眶湿润了。

咨询师：“当你想起那时的事，你是一种什么样的心情？”

部长：“心烦意乱，躁动不安。”

咨询师：“关于那时的事，你还有什么要告诉我的吗？”

部长：“我以为那时候的事已经彻底过去了，但我的下属卡罗尔给我的感觉，和以前妹妹们有求于我的时候给我的感觉一模一样。至今我仍然清晰地记得，母亲不在的那段时间里，照顾妹妹们的重任给我带来了多么大的压力。虽说长兄如父，可我当时才十一二岁。”

他如此说道，脸上是痛苦的表情。

咨询师："你刚才告诉我的情况，对分析你目前的职场境况很有帮助。看来你儿时与 5 个妹妹之间的关系，在你日后与其他普通女性的关系中埋下了'雷'。在你人格形成的过程中，你似乎觉得女性永远会向你提出超出你能力范围的请求。如果是这样的话，那么现在，在你与卡罗尔、特莉之间，再度'上演'了你和 5 个妹妹之间的关系。说来也有趣，你的下属全是女的，就算是'孽缘'吧。"

托比情绪激动，一段尘封至今、埋藏于心之一隅的记忆，如今生动鲜活地复苏了。

卡特 · 斯考特以托比近期的某种情感作为出发点向前倒推，从他儿时的经历中，找出了这种情感的源头。

那段早期经历仍在灼烧他的内心，他戴着有色眼镜，审视着每一个和他有关的女性。

根据这个发现，咨询师尝试让他从现状之中拨云见日。

等他从激动的情绪中平复下来，咨询师问他想要如何处理过去和眼前的问题。他说，他想先和妹妹们逐个见上一面，从弥合旧关系开始。

曾经，他认为自己有责任为 5 个妹妹代行父母义务，对此重担，他也感到力不从心。而如今，他想将自己从中解放出来。

速效情绪脱敏胶囊

- 摘下有色眼镜，那个人也许和你想得不一样。
- 控制好你的情绪，冷静地处理工作中的关系，别做太多联想。

拥有自己的价值体系可以帮我们抵御外界负面评价。

你是什么样的人，他们说了不算。

第4章

情绪四则运算③：做乘法

摆脱“求关注”思维，让内在自信成倍增长

谁都得过几场“情绪流感”，可你别总是那么“丧”

有时，情绪敏感的人会用怯懦掩盖他们的攻击性。通过这种伪装，他们的攻击性就变成了“悲观主义”。

我认为，日本之所以是世界上有名的“悲观主义大国”，原因就在于此。

研究者曾做过这样的问卷调查：

“你对即将到来的一年有何期许？你觉得明年会更好，还是更差，或者会一切如故呢？”

其中，回答“会更好”的受访者比例如下：美国为 38%，德国为 11%，西班牙为 28%，法国为 27%，意大利为 20%，英国为 32%。

显然，“乐天派”人数比例最多的当属美国。

无论是对国内经济形势的看法，还是对国内就业环境的看法，美国人都属于最乐观的。

另外，在“你认为生活状况会在未来 5 年内得到改善吗？”这一问题上，回答“会改善”的受访者比例如下：美国为 55%，德国为 18%，西班牙为 50%，法国为 44%，意大利为 44%，英国为 50%。

至于美国人的生活状况是否比 5 年前更好？我想，现实情况未必如此。

在我们看来，美国人确实是乐观到了极点。用盖洛普咨询公司的民意调查结论来说，他们属于“超级乐天派”。

2003 年，该机构曾对 63 个国家的民众做过类似的调查。对于“你个人感觉 2003 年会变得更好、更坏，还是老样子”这一问题，日本人的回答最不乐观，可以说是悲观透顶。

在其他国家，回答“会更好”的人数占比都达到了 10% 以上。而在日本，其占比仅为 9%。与其说日本人“悲观得一塌糊涂”，不如说日本人已经需要被“另当别论”了。

大多数日本人对未来感到不太乐观。让“世界最‘丧’”的日本人去解读“世界上最乐观”的美国人，这种解读不出差错才怪。同样的道理，在生活中，一个天生钝感的“乐天派”也无法理解一个极度敏感的人。

我了解一些关于“悲观情绪”的调查，对全世界关于“被害妄想”的调查却不甚清楚。不过，我猜测哪怕是这一项调查，日本恐怕也会是最悲观的那个国家。其根源就在于日本人的情绪过于敏感。

我认为，“过敏”是解读现代人心态的一个关键词，每个敏感的人都要面对由情绪上的“过敏”而引发的悲观、焦虑、“丧”，甚至是愤怒。

速效情绪脱敏胶囊

- 乐观一点，对生活保持积极心态。
- 活得“糙”一点，“抗造”也是一个优点。

活得“糙”一点，完美躲避伤害

生活中有很多这样的情况：当孩子受伤时，母亲会一心惦记着孩子，再也无暇去考虑其他事情。当孩子参加升学考试时，母亲满脑子都是考试的事情，无暇顾及其他事情。

自恋型情绪敏感者满脑子只有自己和被自己放大了的情绪，从不管他人的感受。即使他们给别人添了麻烦，也毫不自知。这也就是为什么他们容易沦为“孤家寡人”的原因。

又或者，有的人只能从受害者的角度看问题，只能看到问题的一个面。实际上，他们虽不是受害者，却按照受害者的心理行事。因此，在人际交往中，他们总是引起不必要的纠纷。

那些总是在人际交往中惹麻烦的人，需要重新审视一下自己的观点。

敏感心理的基本原理是放大感受。如果你是一个情绪敏感的人，当你放大了外界的刺激，觉得自尊心受到伤害时，便会勃然大怒。产生这种受害心理的目的是为了通过博得他人的同情来维持与他人之间的一种幼稚的关系。

“我才是受害者呀！”这种心理既撇清了自己的敌意，又表达了自己的愤怒。

此外，有受害心理的人还会谋求他人的同情，这也是一种“想被照顾”的需求。

正如我多次提到过的那样，他们是为了防止自尊心受到伤害，作为一种自我防卫手段，才伪装成受害者。

情绪敏感者为了从心灵的创伤中恢复过来，需要扮演受害者的角色。

他们会说出“就我最倒霉”这样的话，这是他们的受害者心态在作怪。他们为了从心理创伤中“满血复活”，选择巧妙地伪装成受害者。

速效情绪脱敏胶囊

- 过于敏感实际上是因为放大了外界带来的刺激。
- 别总觉得自己才是最倒霉的，那是受害者心态在作怪。

做个清醒而识趣的人

那些说着“倒霉的总是我”这种话的人，他们可能没有意识到，长久性的自我牺牲在人际关系中是不可取的。

因为这种牺牲是非常不情愿的，他们一边做出自我牺牲，一边在憎恨对方。

正如心理学家大卫·西伯里所言，这是一种对他人利益的掠夺。

“有一天我们会发现，那种在生活中常见的自我牺牲其实是对他人展开掠夺的第一步。”

在西伯里的案例中，有一个叫波西夫人的女人。作为一位母亲，她接受不了孩子独立，离不开她的孩子。

“虽然波西夫人口口声声说着自我牺牲之类的话，但她却是一个彻头彻尾的利己主义者。”

正如弗里达·弗洛姆·赖克曼所说：“从精神分析学中我们了解到，牺牲几乎没有不涉及仇恨的。”带有自我牺牲性质的献身行为，其实是一种高度依赖心理的体现。

受害心理强的人感叹着：“倒霉的总是我。”他们所隐藏的敌意，是依赖性的敌意。当依赖心理被消除时，眼下痛苦的境况也会随之烟消云散。

至于那些说着“不能怪我”或“倒霉的总是我”的人在思考问题时很片面，而且特别固执。他们害怕别人对自己不友好，因此会做出努力和牺牲。这种源自恐惧的努力的动机是自我保护。

以下是卡伦·霍妮对情绪敏感者的特点的描述。

1. 因为被施以不想要的关注或是被强加了不想要的服务，他们便会认为自己被伤害了。

2. 当没得到他们所期待的报酬而徒劳无功时，他们就会觉得自己被伤害了。比如，他们期待着能够收获对方的一句“真的非常感谢你！谢谢你为我做这些事。”如果没得到这样的感谢，他们便觉得自己被对方欺骗了。他们是如此渴望自己的付出能够得到回报。

3. 当理想中的自我形象受到伤害时，他们便会觉得自己被伤害了。其实，问题不在于客观上是否受到了虐待，而在于情绪敏感的人“觉得”自己受到了虐待。这是一种“心理自残行为”。也就是说，他们极度渴求别人的爱。

简而言之，这三种情况都证明了情绪敏感的人对爱的渴望有多么强烈。正因如此，他们才会深受受害心理的困扰。

有着充分安全感的钝感的人很难理解敏感的人。试想一下，对于一个自幼便被鼓励着走向自立、从小就在关爱中长大的人来说，诸如“你们都不关心我”“你们都不懂我”“大家都欺负我”“就我吃亏了”这类的受害者心理，他们真的觉得难以想象。

一个在爱中长大的人，不会像极度敏感的人那样，“脑补”一个“理想的自我形象”。

一个在爱中长大的人，不会因期待他人的回报而行善。

一个在爱中长大的人，不会强迫别人接受自己的关心或帮助。

有的人从小缺少关爱，而有的人从小就在别人的关爱中长大。在心理层面上，这两种人大相径庭。

“你们都不懂我”“大家都欺负我”“我才没有做错”——这是情绪敏感者被害意识的倾诉，也是他们心灵的哭诉。而对于在别人的关爱中长大的人来说，这些“哭诉”只会让他们觉得莫名其妙。

速效情绪脱敏胶囊

- 不要对自己要求太高，做一个普通的人也很好。
- 帮助别人出自内心，不要太苛求得到回报。
- 把握距离感，不要强迫别人接受自己的善意。

相爱不是照料

情绪敏感的人渴望被爱，即使在他们长大成人之后，他们在内心深处仍然渴望有人来扮演父母的角色。换句话说，他们时常在潜意识中追寻着父母之爱。即使在成年后，他们也没能从“幼儿式”的人际关系中逃离出来。

然而，在成年之后的现实生活中，不会有人扮演他们父母的角色。于是，这就诱发了他们的受害者心理。

情绪敏感的人在恋爱中都有孩子气。即使在成年之后，他们对爱的诉求，也和儿时所追求的母爱没有太大区别。

不过，糟糕的是，与儿童相比，他们对爱的诉求的背后隐藏着一种敌意。这也是他们与“生理意义上的儿童”之间的区别所在。

在那些钝感的人看来，他们的这种受害者心理让人感到费解，被欺负的心理也让人无法理解。

抑郁症患者或神经质倾向较强的那类人，他们的情感需求也是神经质的。而这种神经质的需求，恰恰和那种“你得像我爸妈那样宠着我”的需求类似。

认为自己“被虐待”是一种缺爱的表现，潜台词其实是“请给我更多的关爱吧”“请救救我吧”。这些人忙着向外找幸福感，而不相信幸福感其实是源自对内心世界的挖掘。

他们觉得幸福需要从别人那里索取，甚至无论索取多少，都还远远不够。对他们来说，为他人着想是一种幸福。

虽然利他主义和爱他主义与幸福感密切相关，但他们最终还是在为自己服务。

在他们小的时候，可能不曾有人“摇摇篮”哄过他们。所以成年之后，他们会无时无刻不在要求别人“摇摇篮”哄自己。

这就是情绪敏感者和一般人之间的“心理鸿沟”。

情绪敏感的人如果想摆脱被害妄想，唯一的方法就是断了“让人帮忙摇摇篮”的念头。

有被害妄想的人其实是在贬低自己。他们需要自吹自擂，不想面对自我蔑视，所以外界的表扬成了他们的必需品。

当“理想中的自己”和“现实中的自己”产生脱节的时候，敏感的人在和恋人交往的过程中稍有不顺就会陷入埃里希·弗洛姆所说的“轻度焦虑和抑郁”之中。而心理上的依赖又导致他们无法自行改善这种人际关系。

一旦陷入“轻度焦虑和抑郁”的状态，他们就会产生被害妄想，对别人也变得苛刻，同时还会失去自信。

我发现现在很多父母都没有长大。他们在情绪上很敏感，竟然需要孩子的表扬。如果得不到孩子的夸奖，他们就会陷入“轻度的焦虑和抑郁”之中。

如果孩子稍微不体恤他们的工作之苦，他们便会怒气冲冲。当他们无法直接表达这种愤怒时，就会变得郁郁寡欢。

无论是闷闷不乐，还是心情不爽，其实都是一种依赖性抑郁情绪。由于他们没能从对方那里得到所期待的回应，他们就会一边依赖着对方，一边又生对方的气。

简而言之，恋爱中的情绪敏感者的想法就是“我需要一个安慰我、爱我、夸我的恋人。这个人要像家长一样保护我、养育我、呵护我。”只要这种想法得不到满足，他们便会无精打采，感觉遭受了爱情的伤害。

速效情绪脱敏胶囊

- 不要向外找幸福感，挖掘内心世界，才能找到幸福感。
- 恋爱中的人别总想让对方像对待孩子一样迁就自己，那种关系很难维持。

批评别人容易，审视自己很难

那些在心理成长中受挫的人常常会试图隐藏内心的不安和恐惧。他们做任何事情都带有负面情绪，并以这种心态来应对所有事情。他们觉得自己“怀才不遇”是因为人事部门没有知人善用；在大学做不了研究是因为太忙碌了，没有足够的时间。

不善交际的人声称自己没有时间与人交往。对于那些成败犹未可知的事情，他们一概认为“绝对搞不定”。

由于内心的不安，他们在刚开始的时候就断定自己：“做到科级干部就到头了。”

他们想要通过这样的反应来掩盖心中的不安和恐惧，企图借此获得一些心安。

在学术界，他们抱怨因为总被差遣去干杂活，而无法研究学问，出不了成果；在职场中，他们抱怨因为领导拖后腿而无法出人头地。

他们认为，因为妻子在家没干好后勤，又因为自己有孩子脱不开身，所以自己才无法升职加薪。他们觉得这都是由于自己以家庭为重，为了家庭牺牲了太多。然而，这种臆想的背后，往往是被害妄想意识在作怪。他们总认为，只有自己在吃亏，并且毫无根据地认为全世界都不公平。

另外，他们仍然有着强烈的、渴望受宠的心理，渴望被别人照顾。也就是说，他们没有他们那个年龄的人应该有的担当，他们所背负的责任超出了他们的能力，他们挑不起这份重担。

他们虽然已为人父，但心理上还没有做好足够准备。如果他们还是以 3 岁儿童的心态去履行父亲的职责，理所当然会产生被害者妄想。

一件能让一位而立之年的心理健康的父亲感到高兴的事，对一个在心理上还停留在“3 岁”的父亲来说，就是一件痛苦的事。

当他们想要独占自己在意的人，而那个人却将注意力转向别的地方时，他们就会心生嫉妒。有宠溺心理的人极度在意别人横刀夺爱，于是便形成了被害妄想。

然后，他们便开始主张自己的权利，并强调对方的责任，强调对方的社会身份。如果对方是老师，他们便会说：“作为老师，你做这些事情是‘天经地义’的。”

如果对方是领导，他们也会觉得，搞定这些事情是对方的分内之事。

永远不谈自己的义务，单方面去追究对方的责任，便是情绪敏感者的共性。

速效情绪脱敏胶囊

- 甩掉负面情绪，你会更轻松一些。
- 勇敢地担起生活的责任，不要总是逃避。

不要自我陶醉，也别怨天尤人

在有被害妄想的人的口中，事情就是下面这样的。

“没有这个，我活不下去。人生艰难，我只能说这不是我的错。”

“我得不到名望、财富或权力，都不是我的问题。都怪你，是你让我变得这么倒霉。”

这样一来，被害妄想就被他们正当化了。

总而言之，对于他们当下的不幸，他们自己一点责任也没有。他们不仅觉得自己毫无问题，甚至还会认为自己并无过错，别人有责任让不幸的自己变得幸福。

然而，别人没觉得他们是特别了不起的人，只是把他们当作普通人对待。

于是，他们便像是受到了奇耻大辱一样。他们对于别人是否侮辱自己很敏感，对于自己侮辱别人却极其迟钝。

如果有人像自己对待别人那样对待自己，他们就会生气。而且，“理想的自己”和“现实中的自己”之间的差距越大，他们就越生气。这就是为什么人越傲慢，内心就越脆弱的原因。

自恋型情绪敏感者大都自命不凡。但其他人并没觉得他们有多了不起，只是把他们当作普通人对待。可是，一旦他们被当作普通人对待，他们就会感到很受伤。

受到伤害的敏感者会变得具有攻击性；喜欢炫耀的敏感者会突然大发雷霆；而如果是内向型敏感者则会受到伤害，躲进自己的小天地里，然后怨天尤人。

没能得到满足的自恋情绪不会因为我们已经成年而消失，只有在我们得到满足之后才会消失。敏感的人对无条件的爱的渴望也是如此，无论何时都不会停止。虽然从表面上看，他们并不自恋，但在潜意识中，他们还是自恋者。

在他们的表层意识中，自己是社会中优秀的成员；但在潜意识中，他们却像幼儿一样找寻着“母亲”。如果继续这样自恋下去，那么作为成年人，他们便无法在世上生存。如果他们还这样自我陶醉、唯我独尊，那么在他们立身处世时，还会引发各种各样的人际纠纷。

引发纠纷的人并不认为自己是自恋者，但周围的人都明白他是一个精致的利己主义者。他们在旁人眼中的形象和他们在自己心中的形象相去甚远。

速效情绪脱敏胶囊

- 在责备别人之前，先审视一下自己，找一找自己身上的问题。
- 不要自我陶醉，也不要怨天尤人，为人处世不要太情绪化。

试着接受善意的批评

关于自恋型情绪敏感者，弗洛姆认为他们“对任何批评都过度敏感”，并且“否认任何批评，哪怕这些批评是合理的。他们在否定别人批评的同时还会伴有愤怒和抑郁反应”。

除了否定任何批评这一共性之外，他们同时具有以下几点特征。

他们否认时不会提供任何证据。换句话说，自恋型情绪敏感者可以在没有任何证据的情况下大声指责他人。他们只会一味地输出自己的观点。

一般情况下，我们不会在毫无根据的情况下指责对方。当我们大声批判别人时，总是要有一定依据的。

然而，对于一个极度喜欢自我炫耀的敏感者来说，无论面对多么中肯的建议，他们都能面不改色地反击别人。

自恋程度越高，就越难以接受合理的批评。对于那些有凭有据的批评者，他们会说“你是在恐吓我”之类的话。而事实上，他们才是真正的恐吓者。

当然，他们并不会承认自己恐吓弱者。从这个意义上说，自恋者内心很压抑。他们在内心深处知道自己是在恐吓弱者，只不过他们不愿意承认罢了。

总之，自恋型敏感者拒绝承认事实。如果有人声讨他们，他们就会对其进行百般刁难，甚至破口大骂。

速效情绪脱敏胶囊

- 对于批评不要太敏感，有时想想，别人的意见也许是对的。
- 别急着反驳，要有理有据。别让情绪操控你的一举一动。

别想太多了

自卑型情绪敏感者的特点之一便是脆弱。对于批评，他们会做出情绪化的反应。

一旦受到了批评，他们便会恼羞成怒。他们从不觉得别人的批评是合理的，甚至会将其视作一种恶意的攻击。

这些人与世隔绝、茕茕孑立，对什么事情都是一惊一乍的。如果我们明白了这一点，就能明白他们为什么会产生强烈的怒火。他们用自尊和自恋填补这种孤独和恐惧，所以当他们的自尊心受到损害时，便会觉得自己的一切都受到了威胁。

如果不发火，他们就会陷入郁郁寡欢的状态之中。因此，在他们看来，只有两种方法可以让自己脱离苦恼：

一种是变得更加自恋；另一种则是尝试着去扭曲事实，使现实状况在某种程度上符合自己的想象。

明明只是做了一点微不足道的小事，他们却觉得建立了“丰功伟业”。比如，两个人互相赞美，都自我感觉良好。一个人说：“您的这本新书可真不错。”另一个人则夸道：“您的那本书才是独具匠心呢！”

他们互相吹捧，却没有第三个人认可。但无论如何，他们可以使现实在某种程度上符合他们的想象。

总而言之，他们认为让自己摆脱苦恼的最重要的方案便是获得别人的认可，最好是获得数百万人的认可。自尊型情绪敏感者通过获取他人的喝彩和称赞来消除潜伏着的心病。

一个自尊又自卑的人是脆弱的，而脆弱的人是易怒的。那么，我们如何预防这种情绪呢？只要在生气时审视一下自己的内心，试着去考虑一下，自己到底为什么这么生气。

有时，你可能会发现自己过于敏感是被对方的话语所中伤。冷静下来想一想，你会明白对方口出此言也许绝非是想伤害你。你之所以生气，是因为自尊心受到了伤害。

速效情绪脱敏胶囊

- 自信就是信任自己，不把外界评价当作评价自己的唯一标准。
- 你不需要活在别人的眼里或嘴上，没必要看别人的脸色行事。

相信自己，别那么脆弱

有些人是因为受了伤害才虚张声势。喜欢贬低别人的人，他们多数也是受伤害所致。其实在“贬低别人”这个行为当中，他们并无大碍，只不过是想通过贬低别人来证明自己很了不起罢了。

但是，对于敏感的人而言，对方为了自我标榜而说的那些话，却让其受到了伤害。

有一句谚语是这样说的：“喜乐的心，乃是良药。忧伤的灵，使骨枯干。”其实当你的灵魂受伤时，你和对方都会变得不幸。

脆弱的人同时也是易怒的。换言之，他们的情绪是不稳定的。他们容易被激怒，也容易陷入抑郁。

脆弱的人总是担心自己会受到伤害。他们只能永远摆着一副盛气凌人的架子，仿佛在说："你最好不要耍我。"

他们害怕受到伤害，时刻高度警惕，片刻不敢松懈。对他们来说，别人是一种威胁，总会给自己带来伤害。

明明别人并没有轻视他们，他们却还是认为自己不被重视。他们会因此满腔怒火、意志消沉。

脆弱的人总是在向别人提要求："我希望你这样对我。""你应该这么和我相处。"

维护自己的威严是第一要务，其次才是与他人进行心灵上的交流——这种观念导致他们很难与他人和谐相处。

他们更喜欢被人尊重，而不是与人交心。

脆弱的人没工夫去为对方着想。他们只关心如何才能让自己免遭伤害。

所以，脆弱的人是不真诚的。在他们心中，没有展示诚意的余地。他们一门心思地关注别人是怎么对待自己的，因此根本无暇顾及别人的感受。

对于自尊心很强的情绪敏感者，即使受到的是正常待遇，他们也会感到受伤。这是因为他们有着过分的要求——他们希望自己能得到特殊待遇，但这个要求却没得到满足。

如果是一般人，他们受到了普通待遇也不会黯然神伤。心病越重，人就越脆弱敏感。脆弱的人为了避免自我价值的崩塌，无论如何都会延续他们的被害妄想。

要想摆脱情绪敏感，就要找到自我的价值，让自己变得强大起来。如果有人试图通过迎合他人的方式来保护自己，那么他肯定会变得敏感而脆弱。那些坚忍不拔的人，其实就是相信自己的人；那些仰仗权威或是他人的善意来保护自己的人，其实是没有找到自我价值的、敏感而脆弱的人。对于敏感的人来说，别人的无意之举，甚至是随口说出的一句话就能左右他们的人生价值。别人的允诺让他们安心踏实，抗拒则会让他们黯然神伤。

然而，相信自己、拥有钝感力的人，则不以物喜，不以己悲。他人抗拒的态度并不能动摇其心境，正如同别人的允诺不能改变其自我价值一样。

如果一个人要仰仗别人的善意来保护自己，那么他人的允诺就会提高其自我价值，更重要的是，这能给他带来安全感。

拥有钝感力的人都很自信。自信的人不会因为他人的允诺而感觉到自我价值的提高。因为他们信任自己，能让自己安心，所以没有必要去看别人的脸色。也因为他们信任自己，所以根本就不会被他人的态度所左右，自己安心与否便和他人的态度无关了。

只有缺乏安全感的人才会仰仗别人的善意来保护自己。因为他们缺乏安全感，所以才寻求他人的恩惠。如果得不到，他们就会感到愤怒和沮丧。

如果他们没能得到所期望的恩惠，他们便会勃然大怒。如果无法向对方发泄怒火，他们就会抑郁。因此，一旦仰仗别人的善意来保护自己，你就会一直处于愁容满面、焦躁不安的状态之中。所以说，敏感而脆弱的人也是易怒的人。

速效情绪脱敏胶囊

- 放松紧绷的神经，不要总是愁容满面。
- 拥有心理韧性，做一个情绪稳定的人。

控制自己，别乱发脾气

我总能接到一些咨询案子。来访者哭诉，丈夫总是容易勃然大怒，然后对自己拳打脚踢。有的丈夫责备妻子车技太差，在妻子开车时，丈夫看着看着就动起了手，还说：“你根本没在认真对待人生！”

其实丈夫不是对妻子不满，而是对自己不满。他们把对自己的不满发泄在别人身上。这就是我多次提到的“外化”，也就是说他们想把心中的愿望变为现实，即把自己心中的体验视作外部世界。

有的家长会对孩子勃然大怒。在辅导孩子学习时，他们会因为孩子算错或者记不住而责骂孩子。有些父母在生气时，会做出诸如把孩子关进房间里、打孩子等行为。

以上案例也是同样的道理。其实是家长自己没做好，他们不过是在生自己的气，但会迁怒到孩子身上。而孩子的所作所为，不过是触发家长愤怒爆发的导火索罢了。

有些敏感的人总是闷闷不乐。闷闷不乐这种心理状态比较复杂。闷闷不乐的人无法直接表达自己的攻击性。他们害怕被嫌弃，害怕被抛弃，害怕产生冲突。或者说，他们有一种“我不可以产生攻击性”的规范意识。

虽然他们总是对他人感到愤怒，却无法将其表达出来。这种“闷闷不乐”，想必也是一种沉重的心情。

如果能对自己满意，我们就不会这样一直处于愤怒状态，也不会一直是一副闷闷不乐的样子。“现实中的自我”和“理想中的自我”之间存在的差距使易怒之人感到痛苦，而他们的怒火也直指那个“现实中的自我”。

因为“现实中的自我”和“理想中的自我”之间总是存在差距。所以他们将这种对“现实中的自己”的愤怒突显了出来。

不仅仅是“愤怒”，他们还会表现出“不满”，而且“不满”和“愤怒”相似，也可以被外化。

有的人对自己有所不满，自己却没意识到这一点。于是，他们将“不满”转向身边的人。有的丈夫明明是对自己不满，却表现为对妻子不满。

敏感的人在与他人的关系之中感受自己内心的纠葛。

速效情绪脱敏胶囊

- 对自己满意，是一种面对生活的积极心态。
- 即使对自己不满意，也别拿别人当“出气筒”。

不用太在意自己的形象

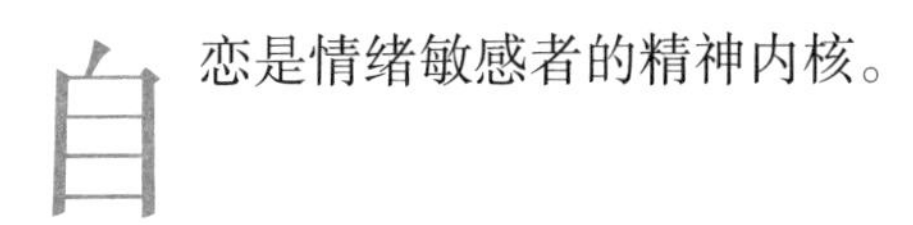

自恋是情绪敏感者的精神内核。

当我们谈到“自恋”的时候，有没有想过“恋”的究竟是别人眼中的那个“自己”，还是现实中的那个“真实的自己”呢？实际上，这种爱恋是一种“自欺欺人的爱”。

在著名的希腊神话中，纳西索斯爱上的并不是“他自己”，而是他在水中的“倒影”。虽然我们认为纳西索斯是“自我迷恋”的人，但是他所凝视的并不是“真实的自己”。

所以，我们认为纳西索斯代表着“自我迷恋”，其实是一种误解，应该是“假性迷恋”，或者是“假性自我迷恋”。

对我们来说，纳西索斯故事中的“水面”就是旁人的看法。也就是说，我们所关心的仅仅是自己在别人心中的形象，是别人对自己的看法。而这并不是一种有效的爱自己的方式。

用社会心理学家亚伯拉罕·哈罗德·马斯洛的话来说，敏感的人关注的重心是别人的看法，并且无法自控。于是，他们就变成了不抗压的人。

如果你关心那个“真实的自己”，你就会去做自己力所能及的事情。你就会想办法去激发“真实自我”的潜力，然后付诸实践。

正因为我们关注“真实的自己”，所以才有可能实现自我。

敏感的自恋者不会为了激发“真实自我”而付诸行动。他们没有心思实现自我。结果就是，他们深陷自我陶醉的深渊，迷失了自我。所以，自恋者无法为自己建立身份认同。

我曾接到过这样的咨询案子。

咨询者是一位丈夫，他对于妻子“顾娘家却不顾婆家”的行为很是不满。这位丈夫就是一名典型的自恋者。

对自恋者来说，妻子“重视自己母亲”和“重视婆婆”之间是矛盾的。这就是自恋者的自私之处。

“老吾老”，然后才能“及人之老”，但是丈夫无论如何都无法理解这一点。

虽然我和他解释“如果一个人不在乎自己的父母，那么她也不会在乎你的父母”却没能说服他。不重视自己感受的人也不会重视别人的感受，这是一个客观规律。

我们在多大程度上能够认可自我，就在多大程度上能够认可别人。

如果我们没有这份关心自己、关心他人的心意，就无法解决人生中遇到的诸多问题。

在我苦口婆心地解释的时候，那位自恋的丈夫就生气了。在电话咨询者中，还有因恼羞成怒而挂断电话的。

对于这种情况，丈夫也要站在妻子的角度考虑。但是你不能指望一个自恋者去做“范式转换”或进行“正念练习”。

弗洛姆曾说：“对别人的爱，就是对自己‘爱的能力’的具体而又集中的体现。”

我认为，重视工作与重视家庭在本质上并不冲突。

但是，敏感的自恋者并不这么认为，他们就像一边喝酒一边感叹世事无常的人。他们自我陶醉，还要怜惜地看着自己的手说：“人活着太不容易了，我的手都变粗糙了呢……”

自我陶醉的人无法亲近他人。自恋者当不了母亲，因为她们根本不关心自己的孩子。即使是手指上的一点伤，自恋者也会密切关注它的愈合过程。

自恋者超乎寻常地关注自己的身体，对自己的身体怜爱有加。自恋者害怕生病，时时刻刻惦记着身体健康。可以说，自恋者对身体健康的渴求就是一种“自恋的狂热”。

速效情绪脱敏胶囊

- 只关注别人的看法，并不是一种有效的爱自己的方式。
- 懂得爱别人，才会更好地爱自己。

偶尔也听一听别人的意见

提起自恋，人们大多会将其当作自我陶醉，而不去重新思考其本质。虽然自恋有很多种定义，但在本质上自恋是“一种缺乏自我认知、精神活动不协调和缺乏共情能力”的综合征。

总之，自恋包含了阻碍一个人心理发展的一切不利因素，而其中最重要的就是——自恋者缺乏共情能力。

自恋型情绪敏感者大多有以下性格特征。

- 有一个浮夸的自我形象，坚信自己是独一无二、与众不同的。

- 会在人际交往中“压榨”别人，很少与他人产生共情。
- 态度傲慢、待人无礼。

当别人不认可他们时，他们就回敬以愤怒的情绪。

自恋的家长对孩子有很大的影响。家长缺乏共情的状况对下一代是有害的。研究表明，在情感虐待中成长的人在为人父母之后，会继续虐待自己的孩子。其中，一个主要因素就是养育者缺乏共情能力。

根据精神病学家海因茨·科胡特的观点，自恋者发怒是因为他未能成为一个“绝对的权威”。而一个心理健康的人不会因为被剥夺了“绝对的权威”而感到愤怒。

一个心理健康而情绪稳定的人，他的自我形象是稳定的。

在最近发生的各种社会暴力事件中，很多都可以视作自尊心受损，气急败坏后的结果。

自恋者一味索求他人的称赞，却听不得他人的意见。

与其说是“听不得”，不如说是“当耳旁风”。他们对称赞的渴望是如此强烈，以至于从不关心别人的想法和意见。

当你饥肠辘辘时，如果在你面前摆上美食，想必纵使外面风光秀丽，你也无暇顾及而只会着急填饱肚子；当你着急去洗手间时，即使看到了一杯美味的咖啡，你也会对此无动于衷。

也就是说，自恋者对“其他人”不感兴趣，自然也不会对其他人的“意见”感兴趣。自恋者对他人漠不关心，也没有关心他人的能力。当然，我们也不能说自恋者对他人“一点兴趣都没有”，只不过他们有更紧迫的事情要做罢了。

速效情绪脱敏胶囊

- 有时也听一听别人的意见，甚至是批评。
- 人生在世，还不是有时笑笑别人，有时让人笑笑？

敏感的身体

弗洛姆认为，有一种消极型自恋的人，他们在生理上和心理上都患有双重疑心病。

这种敏感者过度关心自己的健康状况，明明一切正常却认为自己身患重病，然后对身体忧心忡忡。

弗洛姆举了一位女士的例子。这位女士对自己的身体状况非常在意——可她不是为了变美，而是因为害怕生病。

敏感的男士也是如此，他们因为害怕生病，对自己的健康给予了过度的关注。即使只是轻微的身体变化，也会让他们大惊小怪。

总之，自恋型情绪敏感者害怕得病，对健康极度重视。他们不关心外部世界，却密切关注自己身体的细微变化，并且是过度关注。

对他们来说，现实中只有“自己”才是重要的。

不仅是身体健康，面对一些无关紧要的琐事，自恋者也会小题大做。可以说歇斯底里充斥着他们的整个生活。

除了这种“生理疑病症”，弗洛姆还提到了一种“道德疑病症”。

生理疑病症是指对自己的身体和感觉过度关注。比如，有些敏感的人躺在床上后会给自己“实况转播”：“啊，快要睡着了，还差一点点。”敏感的人对自己的身体变化有过度的关切。

那么，什么是“道德疑病症”呢？有“道德疑病症”的人总是杞人忧天，担心自己是否有过违法犯罪的行为，并且自己无法控制这种担忧。

我曾为一位年轻人做过心理咨询。他跟我讲述了他的故事。大学入学考试时，坐在他身边的那名考生落榜了。虽然他自己金榜题名，但在之后的几年里，他总是在琢磨那个人的落榜是否是自己所导致的。

考试那天，他在和那个人聊天时，提到自己就读于一所著名的高中。于是，他担心是否是这件事对那个人造成了情绪上的干扰。

在外人看来，他似乎很有良心、很有道德感，也很关心别人。然而，实际上，他关心的却是别人对他以及他的良心的评价。

这种人看起来很有公德，其实也不一定如此，他们只是害怕犯错误而已。换句话说，他们只是因为自我保护意识过强才变得谨小慎微。

我清楚地记得，那天因为我还有个讲座，所以必须结束会谈去教室。但是那位年轻人却拦住我，坚决不让我去。

他的心里只有自己的烦恼，没有我和在教室里等我的学生。他对外部世界漠不关心。可能有的情况与我刚才的描述有所出入，但是缺少共情的能力在自恋者中是很常见的。

速效情绪脱敏胶囊

- 不用过分在意每天自己身体的微小变化。
- 即使偶尔失眠，也不要太在意，顺其自然就好。

你是什么样的人，他们说了不算

弗洛姆认为，“敏感而自恋的人害怕自己犯下‘罪行’”。但是，他们在害怕的同时，又想着去“犯罪”。

也就是说，他们对外部世界缺乏兴趣，只有保证自己的身心安全才是最现实的。

他们虽然看上去“有良知”，但这并不是基于对他人的关心。这不是“良知”，而是在保护自己。这种人只能靠大肆宣扬自己的“良知”来充实自己。如果不宣扬，他们就会陷入无尽的空虚之中。

另外，他们宣扬“良知”，也是为了鄙视那些“无良”的人。

让我来打个比方。有一个人明明很想吃某种点心，却总推辞说：“我不吃。”去别人家做客，人家拿出了点心来招待他，尽管这个人很想吃，但还是拒绝说：“我不吃。”

再打个比方，一位母亲再三强调身体健康，却让孩子过着最不健康的生活。

又或者是那种认为“只要我不偷不抢就行”的人。他们的确是遵守了“不偷不抢”准则，但他们只不过是以“只要不偷不抢，无论做什么都行”这种方式来表达其反抗的态度而已。

他们对别人、对运动、对学习都没兴趣。他们感兴趣的只有别人对他们的看法。

自然的美丽、路人的穿搭、古典音乐、学习外语、玩电脑、跑步、打牌、打篮球、游泳、旅游……但凡他们对这些事情有一点兴趣，也不至于这么满腹忧愁。

他们对其他东西不感兴趣，只在乎自己在别人的心中是否是一个“有良知”的人，以及别人对自己的看法。对自恋者来说，这是唯一有意义的现实。

弗洛姆说，在这种情况下，其他人很难识别出他是一名自恋者，事实的确如此。

速效情绪脱敏胶囊

- 别人怎么想，其实和你无关。
- 专注自己的感受和看法，才能成就真实的自己。

坚定地做自己，同时允许别人有不同的看法。

温柔地爱这个世界，同时从容地与之抗争。

第5章

情绪四则运算④：做除法

消除负面信息，拒绝负重前行

别低估自己，也别太高估自己

关于“情绪敏感者的内心世界”的话题，我想在自恋型人格这一点上再做一些讨论。

如前文所述，自恋型人格有两种类型，这两种类型的人在对待“孤独和恐惧”的态度上是一致的。

另外，弗洛姆还解释了“消极型自恋”这一心理。

根据弗洛姆的叙述，这种类型的自恋人格主要表现为郁郁寡欢的状态，以贪心、脱离现实及自虐情绪为主要特征。

的确，我们在感到抑郁时都会有一种莫名的、自卑的心态。这些人容易失去自我，而且对他们来说，生活也会变得毫无乐趣可言。

有的人会用“我懦弱、我自私、我没用”这种话来贬低自己。

在周围的人看来，他只不过在心理上脆弱了一点，并没有那么不堪，然而他却把自己贬得一文不值。

究其原因，其中之一便是他想要展示自己浮夸的道德标准。在自我贬低的背后，他在努力地恢复自己的价值。

换言之，他这种自我贬低的背后潜台词是“看我多优秀，我简直是道德楷模”。

抑郁症患者所产生的“都怪我”的情绪，可能是一种消极型自恋人格，也就是自恋人格的反面。

虽然自恋是一种自我迷恋，却缺少自信的支撑。

因此，当出现抑郁倾向时，自恋就变成了自我蔑视，即自恋的反面。

当别人来家里做客的时候，我们经常会谦虚地说“粗茶淡饭，请不要介意”。但是，如果是消极型敏感的人，他们可能真的认为“自己准备的饭菜是不是有点敷衍了”。

一个人如果找不到自己的价值，必然会使用上面这种自责的表述。

速效情绪脱敏胶囊

- 每一天都是努力过出来的，看重自己，看重自己的生活。
- 给自己一个中肯的评价，既别低估自己，也别太高估自己。

这个世界很可爱，你可以“加个关注”

然而，还有一点需要格外注意的是，自恋者会经常标榜自己是一个“善人”。

实际上，这类人可不是“善心泛滥”，他们只是单纯的自恋罢了。

“在外界看来，他们似乎无微不至，但实际上，他们关心的只有自己、自己的良心，以及他人对自己的评价。”

弗洛姆认为，自恋的人都有一个共同之处，那就是缺乏对外部世界的关注。

他们也不知道如何获得他人的认可，因为他们自己从不关心别人。

每当他们蹲在那儿哭诉着：“你们的良心去哪儿了？”因为他们光顾着哭了，所以就更不可能去留意外部世界了。我把他们称为“良心主义者”。

人们只有在心理需求得到满足后，在心智走向成熟时，才会去关注外部世界。当一个人知足常乐的时候，自然就会去关心外部世界。

当然，在自恋人格中，还有很多“某某主义者”，比如“教养主义者”。

我们已经讨论了所谓的消极型自恋的心理。这其实就是一种“反向的自恋”，也就是将所有与自己相关的事物都贬得一文不值。

例如，类似于“因为是我做的饭，所以不好吃”的这种心理，就是一种消极型自恋。

与积极型自恋一致的是，二者都是在做扭曲理性的判断。

自恋型人格是夜郎自大，而消极型自恋与之可谓一体两面。

“因为是我做的饭，所以好吃”。与这种自恋完全相反，消极型自恋则认为“只要是我做的饭，就很难吃”。

自恋者是一种既会“高估自己”也会“低估自己”的矛盾人格。

我认为，这种消极型自恋源自一种认为自己靠不住的不安全感。因为感觉自己靠不住，自恋者便感到了不安，消极型自恋就是其可能陷入的状况之一。

当然，自恋型人格也是一样的，他们对自己“爱屋及乌”，爱到走火入魔。而消极型自恋者则会去主动迎合他人。

速效情绪脱敏胶囊

- 知足常乐，不苛求别人，也不苛求自己。
- 念念不忘，不一定就有回响。多留意生活中其他美好的事，从纠结的情绪中走出来。

希望一直被人捧着

自恋者寻求着他人的称赞，渴望被赞美。而且他们的特征就是，他们都是“被逼”寻求赞美的。

这与弗洛姆所说的“谦虚的背后是傲慢”殊途同归。虽然他们不直接炫耀自己的长处或才能，但也渴望被称赞，只不过他们特别矜持，不想被别人发现这一点。

这种类型被称为“隐性自恋”。虽然他们嘴上说：“像我这种人，我怎么配啊。”但他们却渴望得到赞美。虽然他们说的是“像我这种人”，但他们却是在要求更高的地位。

对着心仪的男士，她们嘴上说着“像我这样的人，不知能不能配得上你”，但这里面却是话里有话，她们实则想要求这位男士一定要与自己结婚。

由虚荣心较强所导致的自恋也是如此。这些人渴望得到他人的赞美，却无视他人的意见，并表现出一种不屑一顾的冷漠。

他们不是“没把别人当回事”，而是像“我怎么会把你这样的人当根葱”这样，用无视表达了一种侮辱性的态度。

我已多次提到过自恋者对批评很敏感。而隐性自恋者对批评则是相当敏感。

自恋者的问题是，他们会将一些不是批评的话语当作批评。

或许是因为自恋者没有“心灵避风港”的缘故，无论身在何处，他们都没有归属感。没有一个地方是他们的容身之所，没有一个地方可以让他们做真正的自己。

虽然自恋者自我迷恋，却没有一个能让他们安心做自己的“避风港”。

无论自恋者身在何处，他都靠装模作样的姿态示人而生活。

像这样的自恋者没有一个安“心”之所，或许也只能紧紧抓住“别人对自己的看法”聊以度日了吧。

他们满脑子都是别人对他们的看法，绞尽脑汁地思考着怎么给别人留下一个更好的印象。他们已经没有多余的力气去关心他人了。

如果你有一个安“心”之所，就没有理由对他人的批评过度敏感。会对批评过于敏感的，几乎都是“隐性自恋者”。

“隐性自恋者”会将负面情绪内化。有的悲观主义者也是“隐性自恋者”。因为他们会将负面情绪内化，所以他们对未来感到悲观。

他们有浮夸的自我形象，他们自我迷恋，却又打心底里瞧不起自己。

他们有浮夸的自我形象，他们自我迷恋，但在潜意识里觉得自己是在装腔作势。

表意识中“浮夸的自我形象”和潜意识里觉得自己装模作样相矛盾，这就是自恋型人格。

消极型自恋是这种装腔作势情结的外显。就像自卑和自傲是一体两面那样，消极型自恋和装腔作势情结也是一体两面的。

无论他的自我形象多么浮夸，无论他对自己多么迷恋，在潜意识里，他都觉得自己不真实。

这就是为什么他们畏惧现实。他们时而自恋时而自卑，他们感受到了一种“这家伙和我不一样啊，他才是真实的我”的自卑感。这就是他们对现实感到恐惧的原因所在。

正如希尔蒂所说的那样，自恋者“在外像小羊，回家变恶狼”。

这是因为，自恋者在外面展现出“装腔作势”的一面，回到家则展露出“浮夸自我”的一面。

可以说，他们在家是自恋者，到了外面就变成了消极型自恋者，但二者在本质上是一样的。

自恋者获得救赎的唯一途径便是去承认、去面对并克服潜意识中的装腔作势情结。

速效情绪脱敏胶囊

- 每个人都应该有一个“心灵避风港”，保护自己不受伤害。
- 卸下伪装，做真实的自己。

有人在乎你，就会有人不在乎你

如果一个自我迷恋的自恋者失去他人的关注，他就会觉得自己的存在被人否定了。此时，他所遭受的心理创伤远比一般人想象的更严重。

不仅如此，这种强烈的愤怒旷日持久，而普通人根本无法想象其严重程度。

自恋的根源是恐惧。自恋是作茧自缚，与此同时，自恋者也处在恐惧之中。即使成了所谓的“人生赢家”，他们还是打心底里感到害怕。

问题在于，当面对现实时，他们就无法再迷恋自己，心中的恐惧也随之浮现。

对自恋者来说，身边可谓“草木皆兵”。

于是，自恋者见谁“怼”谁，企图“先下手为强”。

弗洛姆认为，对自恋者来说，自恋的代价是“孤独和恐惧”。有的人只要打扮得光鲜，用着昂贵的物品，就可以摆脱这种孤独和恐惧。

于是，自恋者把所有精力都用来做“面子工程”。如果从物质层面看，他的确是不孤独了。

只要穿上名牌，他们就会迷恋自己，迷恋上身着名牌的、棒棒的自己，还能沾沾自喜道：“我可真是太棒了！”

因为身着名牌，所以他们才能爱上自己，才能觉得自己“比那个人棒多了”。

然后，为了保护自恋心免受伤害，他们悉心保护着那个完美的自我形象。

于是，他们招揽了一群身着名牌的小伙伴，互相夸道："你看上去太棒了！"以此来满足他们的自恋心理。

我把他们的这种行为叫作"互吹"。如果心力交瘁的人想抬高自我价值，这是一种懒办法。

这就是弗洛姆所说的"互吹"型的人际交往。他们互相钦佩，但他们每个人又打心底里自轻自贱。

在孩子还小的时候，父母偶尔的"吹捧"，对孩子来说还是有必要的。

然而，如果是成年人，只有心力交瘁的人才会用这招。

"互吹"既不是喜欢对方，也不是重视对方。在抑郁症患者的社交圈子里，这是他们之间又爱又恨的一种关系。他们彼此憎恨，但又团结友爱。

除此之外，还有很多“互吹”团体，比如贪慕虚荣的朋友圈、因为自卑而聚在一起的小团体、因为焦虑而抱团取暖的小团体，以及其他许多奇奇怪怪的团体。

换句话说，这是一种基于负面情绪，并以此为纽带而凝聚起来的关系。

拜金主义都是自恋的表现。无论一个人怎样环游世界，他的精神世界可能依旧极度狭隘。

例如，当今的人们就在发型上聚焦了过多的关注。能让他们自我感觉良好的，不是日复一日的努力达成某种成就，而是有名的造型师给他们做了新发型。

自恋者不懂“努力”为何物，而当下社会，也正在成为“躺平”的自恋者的时代。

速效情绪脱敏胶囊

- 要想被认可，就要付出实实在在的努力。
- 内心充盈胜过表面风光。

孤独而敏感的人

自恋者自我陶醉，乍一看日子过得“有滋有味”。但实际上，他们害怕生活——至于他们是否意识到了这种恐惧感，则要另当别论。在大多数情况下，他们只是压抑着这份恐惧。

弗洛姆说过，“自我陶醉的代价是孤独与恐惧”，事实的确如此。

说得再通俗一点，自私自利的人会被孤独感和恐惧感所折磨。

自恋者自我陶醉，但在内心深处，他们畏惧着外部的世界。他们在生活中总是“杯弓蛇影”，任何赞美之词在他们听来都像是在批评。

通过外化诠释现实的人，实际上对现实充满了恐惧。他们用外化来理解现实，这意味他们将脑海里发生的事情当作外界发生的事情。

在外界看来，一个自恋、自私的人是为所欲为的。诚然，对周围的人来说，自恋者让人不堪忍受。

但是，自恋者的内心承受着我们难以想象的孤独和恐惧。因此，我们也就能明白他们为什么总是一副恶相。如果他们心情好的话，想必脸色也不会难看。

在外人看来，他们过的也没有比别人辛苦多少，却老的得谁都快。和别人比，他们生活的压力还算轻的，但他们依旧会因为生活的压力而未老先衰。

对于那些饱受“孤独和恐惧”折磨的人来说，周遭的世界就是他们的敌人。他们无法相信身边人的善意。于是，他们见一个“怼”一个，想要先发制人。不仅如此，他们还见不得别人比自己优秀。于是，他们越来越喜欢戳别人脊梁骨，他们想通过造谣诽谤来搞垮那些比他们优秀的人。

自恋者与世隔绝，所以他们无依无靠。也正因如此，他们对任何事情都感到大惊小怪。

当然，自恋者意识不到自己的形单影只，也意识不到自己无人交心。

他们的孤独，真就达到了此般“境界”——孤独到不知孤独为何物。

自我陶醉意味着缺少对他人的关心，失道者，自然会寡助。

当然，他们还有家人，但他们也不与家人交心。有的时候，他们表面看起来和和气气的，完全不像是个被孤立的人。然而，他们的内心却是孤独的。

速效情绪脱敏胶囊

- 敞开心扉，外面的世界很精彩。
- 学会沟通，学会与人交心。

轻装上阵，别自寻烦恼

根据一项对自恋人格的调查，在刚与别人认识时，自恋者还颇受欢迎，但渐渐地人们就会失去对他们的信任。起初，因其对团队的贡献，大家对他们的评价颇高。然而，在7周之内，正面评价便消失殆尽。

刚开始时，人们还对自恋者交口称赞；到后来，赞誉之词却几乎没有了。另一项调查也反映了同样的结果。起初，人们对他们的评价普遍都还是正面的，但到了后来，评价却变成了“冷漠、傲慢、妄自尊大且居心叵测”。

人心隔肚皮。日久见人心。

自我迷恋的代价是“孤独和恐惧”，而“孤独和恐惧”的终点就是抑郁。抑郁是一种走投无路、无能为力的精神状态。在这种精神状态下，人会感到很痛苦。

虽然贝兰·沃尔夫认为现实是人类的朋友，但对于自恋者来说，现实却是他们的敌人。

于自恋者而言，现实既是敌人，又是威胁。自恋的代价也未免太大了。

奥尔波特在关于偏见的著作中，引用了弗洛伊德的话：“如果对于被迫与陌生人共事，你感受到了明显的抵触及厌恶，那么据此可以断定你是一名自恋者。”

自恋者总是排斥异己，不想了解异己，也不想承认异己。自恋者厌世而又刚愎自用。

于自恋者而言，他人的存在宛若草芥。

因为自恋，所以他们对未知事物有一种明显的反感和厌恶，又或者说，他们惧怕未知。他们压抑着这份恐惧，而由恐惧所形成的反作用力又导致他们像是魔怔了一样。

能否克服这种成长过程中的自恋心理，因人而异，由此也导致他们在人生中所要面对的问题相去甚远。

自恋者的生活总是充满了烦恼。但在心理健康的人眼里，他们就像是在“自找麻烦”。

自恋者的生活和普通人的生活之间，其实没有本质上的差异，皆是千篇一律的酸甜苦辣。

然而，二者的日常烦恼却是天差地别的。自恋者遍体鳞伤，所以不依赖被害妄想就无法过活。这也让自恋者认为“总有‘刁民’想害‘朕’”。

因此，对于那些钝感的人来说，他们完全无法理解自恋者在“愁”些什么。

实际上，自恋者也的确是在“自找麻烦”。对于这些人而言，当务之急是要意识到心中的自恋情结。

如果能够明白自己的烦恼实为自恋所致，那么你便迈出了解决问题的第一步。

自恋心理其实是每个人与生俱来的。只不过有那么一部分幸运儿，靠着亲子关系克服了它。

但不幸的是，如果母亲有心理问题，孩子到成年后依然无法解决其自恋问题。于是，他们形成了一种敏感的自恋人格。

如果他们一直没能得到夸奖，就会变得焦躁不安，并逐渐演变为一种带有强烈神经质倾向的自恋。

弗洛姆将自恋分为良性自恋和恶性自恋两种。

良性自恋的对象是工作。这类人排他是为了专注于自己的事情。

弗洛姆认为，只要事关他们的业绩，他们就不得不保留现实生活中的关系，不得不在事业心和现实生活之间保持平衡。

例如，如果有一位厨师是自恋者，只要还有人夸他做的菜好吃，他就不会与现实脱节。

恶性自恋是指迷恋于自己所拥有的某种要素，如痴迷于自己的美貌、迷恋自己的家世和身体，或迷恋自己的财富。

一个陶醉在自己美貌之中的人，纵使不与任何人产生联系，也能靠当自己的“颜值粉”过活。他们不需要与现实世界产生联系，成为孤家寡人也理所当然。

如果是恶性自恋，即使是处处“躺平”，他也照样可以

“爱”上自己。

而且，弗洛姆认为，自恋者“只是为了受到万人瞩目，孤立了自己实属万不得已”。

这种“荣耀和孤立”，正是卡伦・霍妮所提出的精神问题的标志。

精神疾病也好，自恋人格也罢，当你身陷“荣耀和孤立”之中，就意味着你的心理已经产生了重大问题。

当然，真正的天才除外。说到底，这也只是在普通人的范畴内做讨论。

因此，当一个厨师说出“能吃明白我菜中奥妙的人还没出生呢”的时候，他就已经陷入了恶性自恋之中，与现实脱节了。

速效情绪脱敏胶囊

- 大多数人都很平凡，所以不要过分自恋。
- 接纳别人，接受别人比自己优秀。

不要依靠外界获得前进的动力

也许很多人都意识到了，自恋者对“自我的虚像”很感兴趣，但对真实的自己却兴致寥寥。对于别人的话题，除了嚼舌根之外都毫无兴趣。

但只要是关于自己的话题，他们就觉得妙趣横生。自恋者活着就是为了夸自己“我可真棒”。

本来寄希望于别人，现在却“自产自销”了。“自吹自擂”要比“让别人吹捧”简单得多。

自恋者长这么大，却忘记了做人最重要的道理。

另外，自恋经常被解释为“只关心自己”。对于这种解释，万不可一概而论。

因为对于现实中的自己，自恋者毫无兴趣。他所感兴趣的，是自己的“虚像”而非“实像”。

在希腊神话中，纳西索斯对自己在水中的倒影产生了兴趣，自恋者也是如此。对于自恋者来说，身边的人的眼睛就是“纳西索斯的湖面”。他们只对在别人眼中的自己感兴趣。

他们并非对现实中的自己产生了兴趣。换言之，自恋者在乎的是：别人是如何看待自己的。

这就像是，面对孩子们可爱的小脸，自恋的父母不为所动，但他们却会被镜子里的自己迷得神魂颠倒。

谈到自己，他们滔滔不绝；谈到别人，他们一下子就兴致索然。无论是对人、宠物、美食，还是对数学、音乐，乃至周遭的一切，他们都漠不关心。他们唯一在乎的就是自己的“虚像”。这股子劲头可谓是“无穷无尽”——明明平时过得浑浑噩噩的，说起自己的事儿来却是没完没了。

至于像是打扫房间、花点心思做饭这种规范自己饮食起居的事情，他们更没什么兴趣。因为自恋者对于“规律的饮食起居”这件事根本就提不起兴致。

自恋者厌恶努力，他们只要照照镜子就够了。自恋者为什么不爱动弹呢？那是因为他们不与人交心，而不去社交就无法产生驱动身体的“正能量”。

如果能关心一下现实中的自己，那么他的“正能量”便可以供他去实现自我。随后，他便可以尽其所能，还可以将目光转到如何激发自己的潜力上。

幸福的人不会一直照镜子，不会被自己在水中的倒影所吸引。

自恋者因为得不到满足所以才照镜子，随后便会神魂颠倒："我可真是太美啦！"

速效情绪脱敏胶囊

- 你是什么样的人，别人说了不算。
- 激发自己的潜力，不要依靠外界获得前进的动力。

做自己的小太阳，向外散发正能量

与人为善的人能够发现别人的美。能向外散发能量的人，即使照镜子，也不至于自我陶醉、自言自语："我可真美！"

我们可以发现这样的情况：自恋者只喜欢自拍，他们是不会主动给别人拍照的。因为除了自己之外，他们对谁都漠不关心。

自恋者只对自己的"倒影"感兴趣，对现实中的自己则毫无兴趣。他们根本不关心自己的潜力能否被发掘。

就像纳西索斯只关心自己在水中的倒影那样，自恋者只关心别人心中的自己，即“自己在他人心中的印象”。

通俗地说，自恋者只关心别人对他们的看法。

自恋者即使身着“山寨”名牌，只要能让别人觉得“好棒！”，他们也就心满意足了。

而钝感的人是不会为了他人的看法而去买假名牌的。他们靠着自己的技术，让自己的努力有所回报。

虽说是“他人眼中的自我印象”，但这又与现实中“别人对自己的看法”有所区别。自恋者会自说自话地单方面“脑补”别人是如何看待自己的，也只关心这个自我形象。

有时，即便别人可能认为这个人“愚不可及”，但也有自恋者相信，别人觉得他们“好棒！好聪明！”

自命不凡的人各式各样：自命不凡的作家、自命不凡的艺术家、自命不凡的学者，等等。自恋就是一种典型的自命不凡。

对自恋者来说，人生如戏，全靠演技。

通常情况下，对自恋者的“表演”，人们的评价并不符合他们的期望，他们因此感到受伤。

自恋和被害妄想的关系密不可分。对于“自恋是被害妄想和悲观主义的根源”这一观点，本书已有所说明。

自恋者并不太渴望幸福，他们只是想让别人“以为”他们很幸福。

他们没想成为一个优秀的人，却希望别人“以为”他们很优秀，让别人“认为”自己很热情。

有的时候，他们的热情到了过分的地步。这正是自恋者才有的行为。因为他们不在乎对方，所以也就没有了热情的动力。他们只是希望被“认为”是热情的。于是，他们的热情在不知不觉中走向了极端。

速效情绪脱敏胶囊

- 做周围人的小太阳，向外发散正能量。
- 活得真实，活得自我，不必过度共情。

面对生活的勇气

自恋是对他人漠不关心。这种“不关心”意味着“不负责”。不仅如此，这种“不关心、不负责”还意味着“缺乏勇气”。

自恋者在人生中遇到问题，往往会“缺乏勇气”，这意味着他们不敢面对，意味着他们会临阵脱逃，还意味着他们会将挑子甩到别人的肩上。这种“缺乏勇气”的生活态度，就是症结所在。

总之，这种推诿卸责意味着他们缺乏对他人的关心。如同自恋的父母对自己的孩子漠不关心，他们对孩子毫无责任感可言。因为他们对孩子没有责任感，所以他们对孩子也不闻不问，久而久之就形成了恶性循环。

当下，大多数父母不负责任的首要原因就是自恋，他们对孩子置若罔闻。当父母处于对孩子漠不关心的心理状态时，想方设法地试图去唤醒他们的责任感往往是无济于事的。

当今日本社会之所以会成为一个“甩锅社会”，原因之一是很多人都成了敏感的自恋者。所以，我们对“情绪敏感”产生兴趣，也是有原因的。

生活中，一些普通人的身上也会有自恋的情况。对此，弗洛姆通过举例进行了说明。

首先，自恋是围绕自己的身体展开的。正常人喜欢自己的身体、喜欢自己的脸、喜欢自己的样子。如果问他“让你和另一个更好看的人交换身体，你换吗？”正常人的答案肯定是“不换”。

也就是说，如果是自己身体上的东西，我们就觉得可以接受。而如果是别人身上的，就会觉得反感。我们会嫌弃别人的，但如果是自己的，则不会那么抵触。

其次，普通人多少也会有先入为主的情况。比如在恋爱的情境之下，即使是正常人也会有很严重的自恋——对方竟然不爱自己，这简直难以置信。他们无法理解自己与他人之间的认知差别。

“自恋者一般不听别人说话，连基本的关心都不会给予别人。”

对普通人来说，“听不进别人的话”有些抽象。换句话说，普通人难以想象自恋者是怎么做到“左耳进右耳出”的。

如果你没听别人说话，就无法给出回应。虽然自恋者可以做到有来有往，但他们还是一个字都没听进去。如果不明白这一点，你就无法理解自恋者究竟是一群什么样的人。

当你和自恋者交谈时，你时常会惊叹："你那时候不是说'嗯'了吗？"之所以会出现这种状况，是因为他们当时听都没听就直接给你答复了。

自恋者会下意识地做出承诺。

自恋者想让对方夸自己"不愧是你"。如果对方的反应不符合自己的期望，他们就会兴致全无。对于他人的评价，自恋者高度敏感。

弗洛姆所说的"神经质性无私"是一种经过反向作用后的自恋形式。

为什么有些"优秀"的母亲即便能说出"只要你能开

心，妈妈别无所求”这样的话，但她们的孩子还是会有彼得·潘综合征，变成了极度敏感的人？

这是因为，这些表面优秀的母亲其实是自恋者。

其结果便是，孩子的心智无法成长。

速效情绪脱敏胶囊

- 有勇气面对生活中的一切困难。
- 用心倾听，有选择地接受别人中肯的意见。

有时候受挫是因为执着于得到和自己能力不匹配的成功

对于自恋者最常见的评价便是：他们总是痴迷于镜中的自己。

“在他脑子里，重要的、现实的东西只有一件，那就是自己的身体。”

简而言之，只要有人不逢迎他们，他们就会觉得受伤，就会感到愤怒。地球不绕着他们转，他们就会觉得索然无味。

所以，自恋者总是觉得自己是受害者。

人们总是会说："那个人太任性了，有一点儿不顺心的事儿就会生气。"说的就是敏感的自恋者。

对夸奖求而不得，他们就会生气，就会感到不爽。

自恋人格还体现为对自己所有物的痴迷，比如对自己的身体、自己的形象、自己的成就和财产等。

不仅如此，自恋者还依恋着自己的家、自己的才华、想法和兴趣。

在他们心中，被提拔当部门经理的就应该是自己；具备领导才能的就应该是自己；得奖的就应该是自己；入围畅销书作者排行榜的也理所当然该是自己。

然而，现实却不尽然。

在自恋者人格的精神内核中，仍有没得到满足的地方。这就是他们为何如此渴望赞美，这也是他们为什么总是在谋求普通人所难以企及的巨额财富的原因。

他们认为，这些财富和夸赞可以缓解内心的空虚。

正是因为他们人格内核中的这种空虚，自恋者才会误入歧途。

即便他们获得了成功，也不满足于现状。一般的成功能让普通人感到满足，却填不饱自恋者的胃口。他们受挫，是因为总是在谋求于自己能力所不匹配的成功。

简而言之，如果一个人长大后还自恋，那就是因为他在心理上还没能得到成长，他们就是所谓的严重的情绪敏感者。

即便他们试图用外部因素去弥补这种失败也无济于事，因为心理成长的失败终将是无法用外部因素来弥补的。

自恋者是自我迷恋、目中无人的，所以，他们无法理解自己今天所处的地位离不开众人的支持。

速效情绪脱敏胶囊

- 地球离开谁都能转，你可以把自己当回事，但不要勉强别人也这么想。
- 有时候受挫是因为执着于得到和自己能力不匹配的成功。

恰到好处的界限感和分寸感

让我用一个伊索寓言风格的故事来描述一下目中无人的生活有多恐怖。

比如有这么一只松鼠，它的工作是为它所居住地区的树木施肥，以及为乌鸦提供食物，而乌鸦则会为它预警灾难。它在做完每天的工作之后，还会出去寻找树上的果实。

一天，这只松鼠找到了一棵树，树上结满了果实。它想："如果把果实送给大家，自己就能受到大家的欢迎。"于是，它停止了每天施肥的工作。

它把果实给了它的伙伴们，觉得自己无比伟大。然而，结着很多果实的那棵树后来枯死了。而它的伙伴们也在存了很多的果实后就离开了。

当松鼠回到巢穴时，发现自己住的那棵树也枯死了。

于是，松鼠当晚只能睡在田野上。它忘记了危险，放松了警惕，只想着："要是还能有一棵结着好多果实的树就好了！"便陷入了沉睡，全然不知有狼正在靠近。

当它发现时，却为时已晚……

这则寓言说明，自恋者就像那只松鼠，为了满足获得别人称赞的私念，而不顾他人的想法和利益，不顾外在环境的改变。

正如我们所看到的，自恋者总是认为，只要时间足够多，就一定能遇到他们想见到的人。

如果他们在意过对方，他们就不会注意不到对方也会因为没有时间而无法见自己。

因为自恋者不在乎别人，所以对别人的情况熟视无睹。而且，他们还要说："好想见那个人啊！"然而，现实中他们却不能得偿所愿。

自恋者不曾在乎过别人，所以他们总是受伤，始终是"受害者"。而普通人会关心对方，理解对方的境况。因为，普通人能在社会中明确自己的定位，也就不会像自恋者那样脆弱了。

如果你能在社会中摆正自己的位置，能够考虑他人的想法，你便能掌握一定的待人处事的方法。你受伤并且感到消沉的概率也就变小了。

然而自恋者无法摆正自己在社会中的位置。对他们而言，就完全没有"社会"这个概念。

速效情绪脱敏胶囊

- 每个人都需要恰到好处的界限感和分寸感。
- 允许自己不被需要。

有人喜欢你，就会有人讨厌你

不管是“张三”，还是“李四”，自恋者都无法与之建立信任关系。

在他们眼中，别人全是千人一面的，他们只在乎这些人夸不夸自己。被抬举，他们就高兴；被贬低，他们就消沉。

如果你与“张三”有着相互信赖的关系，你就不会被其他人的言行所伤害。

即使你被“李四”无视或是漠视了，因为你还有值得信任的小伙伴，你就不会伤痕累累。

对一般人来说，与普通朋友相比，“死党”对他们而言，其重要性不可同日而语。

“死党”是他们的心灵支柱。

被人贬低或是被人漠视，放谁身上都会觉得不爽。然而，一想到还有“死党”在，不快的感觉自然而然地就消失了。

可是，如果和任何人都没有信赖关系，就会被不特定的、多数的“某个人”的态度所伤害。

即使对方没有说得很过分，他们也会因为怒气上涌而彻夜难眠。

这种愤怒可能会在夜深人静时愈演愈烈，不会消退。

假设“张三”或是“李四”对你而言轻重有别，如果和“张三”之间的信赖关系能成为你的心灵支柱，即使“李四”

的态度把你气得火冒三丈，你也不会承受如此程度的压力。

如果你与“李四”之间有着信赖关系，即使“张三”的无礼行为让你感到愤怒，这种愤怒也会随着时间的推移而消失。因为你知道，“张三”于你毫不相干。

对普通人来说，得到“死党”的认可，就会感到欣喜若狂，并且这份快乐是无法替代的。对他们来说，“张三”和“李四”的重要性有所区别。

正是因为主动关心他人，才会产生“啊，是那个人！”的积极情绪。

无须解释，自恋者的自我陶醉与他们的目空一切是密不可分的。

而且，这两种心理与其脆弱性也密切相关。换言之，他们的脆弱性、被害妄想、自恋和对他人的漠不关心是一体的。除此之外，还要加上毫不负责这一项。

我曾经写到过：有心病的人都有一个共同特征，那就是在人际交往中缺乏距离感。显然，这也适用于自恋者。

自恋者自我陶醉，对他人漠不关心，所以无论是谁夸奖他们，他们都是同等的开心。

事实上，对他们来说，某个人的夸奖并不构成生活的“正能量”。无论是“张三”还是“李四”的夸奖，其感受都别无二致，他们只是想“被夸奖”而已。

正如当有人对他们表达爱意时，无论是何人表达爱意，对他们来说都是一样的感受。只要自己被爱着，他们就会感到开心。

他们只是因为“自己被爱着”这件事感到开心。总而言之，他们并不与人交心；他们眼中只有自己，而没有“某段人际关系中的自己”。

即使得到某个人的爱，他们也不会感到惊喜。

他们对别人漠不关心，也就意味着无论是“张三”还是“李四，对他们而言并无区别。不同的人在他们的眼中并无差别，他们的人际关系毫无距离感可言。

速效情绪脱敏胶囊

- 不必全部接受外界信息，你可以只在乎对自己重要的那几个人。
- 好朋友能给你带来不一样的心灵安慰。

如果你不认可这个人，就没必要因为他的指责而睡不着觉

他们或悲或喜，却从来不是为谁而喜，为谁而悲。

他们缺少一个“随便你怎么想”的特定对象。

无论是被谁漠视，他们都会涌起怒意。对他们来说，不会有被特定的“那个人”如何对待了就消气了这种情况。

如果你与某个对你很重要的人之间建立起了深厚的信赖

关系，你就不会在乎其他人对你是否粗鲁。

因为自恋者没有一个交心的朋友，所以，无论被谁漠视，他们都会生气，甚至彻夜难眠。

于是，他们就会被人所利用。在心理层面上，他们受到的伤害和“被粗鲁对待后”的反应如出一辙。

对他们而言，无论是老实的人还是不老实的人，全是陌生人。

所以，他们的情绪一直为他人所左右。正是由于自恋者不曾留意对方，才会一直在情绪上任人摆布。

而在人际关系中能掌握距离感的人，如果发现不老实的人对他们不好，也懒得和他们一般计较。

他们会觉得：“愚蠢的人才会和这种人一般见识呢。”在乎别人的人，也正是能在人际关系中把握距离感的人，他们不会是自恋者。

自恋者目空一切，他们自我陶醉，眼里只有自己。于是，他们的情绪一直为他人所左右。

如果你对别人有所关注，那么当他人对你妄加指责时，你只要觉得："这个人怕不是有点心理问题吧？"就不会被他人所影响，也不会恼羞成怒或是因为忍气吞声而郁郁寡欢。

比如说，对方是一个偏执型或是依赖型性格的人，在他们的脑子里，只有为自己谋取名声这一件事情。

如果那个人对你出言不逊、举止不端、态度也很傲慢。自恋者可能会感到受伤、生气，甚至因为不甘而彻夜难眠。

可是如果你对那个人稍加留意就会发现，其实没有什么好生气的。对方其实是个虚荣心强、不近人情、自私自利、以自我为中心的人。

如果被这样的人侮辱还会感到生气，那可太没必要了。

总之，自恋者只关心自己，他们会将对自我价值的判断与冷漠的利己主义者的言行挂钩。他们会因为对方的冒犯而感到自我价值被剥夺，而如果他们没被重视，就会觉得一切都没意思。

速效情绪脱敏胶囊

- 如果你不认可这个人，那么也没必要因为他的指责而感到难过。
- 专注自己的感受和看法，才能成就心之所向。

没有任何一件事、一段关系值得你遍体鳞伤。刻意练习钝感力，在复杂的世界里，做一个简简单单的人。

刻意练习：做一套情绪瑜伽操

4种方法，让你拥有情绪钝感力

我认为，每个人都是天生的敏感的自恋者。

有些人能够通过成长过程中的人际环境摆脱它，而摆脱不了的也大有人在。这是一种接近“悟透世俗”的心理状态，但大多数人都达不到这种境界。

敏感的人，就是那些“无法摆脱”的人。这种类型的人屡见不鲜。

当彼此之间有着良好的沟通时，我们便可以通过对方“所说的”了解对方“想要说的”。同样，对方也可以通过我们“所说的”了解我们“想要说的”。

所谓相互交心、变得亲密，就是指对方能让自己注意到自己没有注意到的事情。

那么，我们究竟应该如何改善敏感情绪呢？

方法 1：站起来，自己寻找突破口

有时，你可能会有“明天，我必须见到他，必须向他道歉”等想法。

如果你这么想，就会变得想要逃避，会让你感到抵触、感到不舒服，甚至让你感到焦虑。

有时，我们可能会怨恨他人——“为什么活着这么难？”虽然我们也不知道自己该恨谁，但就是在恨。我们逐渐被仇怨折腾得精疲力竭、身心交瘁。

我们之所以被消耗得疲惫不堪，难道不正是因为我们害怕的其实是一些并不可怕的东西吗？

我们在告诉自己“这并不可怕”的同时，还要告诉自己“这一切并没有那么糟糕”。

如果小时候有过一些不愉快的经历，我们可能就此塑造自己的内心，使自己对本来没那么抵触的事物产生厌恶的感觉。

总之，我们毫无缘由地习得了某种情绪。我们必须试着追根溯源，然后将自己从这种情绪中解放出来。

同样的刺激在不同的背景下会导致不同的感受，如果我们没能意识到这一点，我们就会沦为自己所臆造的情绪的牺牲品。

在前文中，我解释了被害妄想是一种心理状况，即一个人在没有受到责备的情况下却觉得自己受到了责备。

诚然，这类人自幼便饱受指责。然而，当他们长大成人后，他们所处的人际环境也随之发生了改变。

正如“同样的刺激在不同的背景下会导致不同的感受”

一句所言，明明没有被责怪，也没有被愤怒波及，他们却还是认为自己“背了锅”、成了宣泄愤怒的对象。

有些人会把上司的指示当作权力骚扰，从他们的上下级关系开始，乃至对于夫妻关系、朋友关系以及恋人之间的关系，都有所误解。然后，他们就沦为了自己所臆造的感情的牺牲品。

恐惧机制是嵌入大脑中的、最基本的学习机制。压力会重新激活本应消失的恐惧反应。

从小就在高压环境中长大的人，可能会觉得自己的脑子已经有所损伤了。于是，他们会努力修复自己大脑的损伤。

这意味着，他们必须一遍又一遍地告诉自己，自己目前所做的反应是错的。

如果一个人自幼在指责中长大，他便必须在生活中日夜不停、连年不休地告诉自己：“这个人并没有在指责我。”

如果一个人自幼在指责中长大，他便无法再信任别人，也不再相信有人还爱着自己。

如果一个人自幼被敌意包围，即使长大后也无法相信人与人之间的温暖。所以，当他只剩下自我批评、自我攻击却毫不自知时，也就不那么让人匪夷所思了。如果一个人自幼便在被敌意包围的环境中成长，脑子里也只会剩下“人人都想害我”的执念了。

因为在敏感者的大脑中，已经形成了这样的神经回路。所以要消除这些神经回路并创造新的神经回路，就需要耗费大量时间和精力。

这样做是值得的，因为通往幸福的道路仅此一条。你只要勇敢地去改变自己。

方法 2：摆脱来自儿时的恐惧

假如，有人自幼便被家长约束，还被持续灌输这样的破坏性信息："你是我幸福生活的绊脚石，要是没有你就好了。"在这样的环境中长大成人的他入职公司后，如果将领导与父亲相提并论，那么悲剧就不可避免。显然，他所感受到的与实际情况相差甚远。

其实，一旦步入社会，我们每天都会碰到形形色色的人。如果误解了这些人所说的话，却又要在这种误解之中生活，这实非易事。

每当你对某件事情感到害怕，你就应该问问自己："我是否在重新体验小时候的恐惧？"

不仅如此，你还应该找出在今时今日的恐惧之下，潜藏的是往日的哪段经历。

有些人对来自无关者的批评很敏感。而这类人就是容易莫名其妙地受伤、消沉的那种人。

当你因为别人无缘无故的批评而感到受伤或沮丧时，你需要做的是应该问问自己："我现在是否正在重新体验小时候被批评或者受到惊吓的经历？"

方法 3：不进行没必要的“对号入座”

假如我们正在进行一场讨论，当谈及“我们在某些方面的不足”时，我们便会感觉自己受到了大家的批评和指责。

这个时候，你唯一能做的就是拼命对自己说：“他们现在不是在说我的坏话。”

有的人可能会说：“你要是事先做了这个就好了。”当提及这个问题时，你便觉得当时没有做那件事都是自己的不对，而其他人此时正是因此在责备自己。

这个时候，你必须一次又一次地告诉自己：“大家现在并没有在责备我。”

敏感的人在他们小时候，只要家里人一开口，那便是要责备。于是，他们必须花上同等，甚至更多的时间来消除旧有的神经回路。

无论如何，他们都必须告诉自己，自己现在的反应是对恐惧的一种应激反应。可无论说多少遍，他们都感觉自己在遭受责备。

当你试图让自己觉得没有受到责备时，你可能会感到很别扭，并且无论如何都冷静不下来。

敏感的人被责备了，心里肯定也是不舒服的，他们会悲从中来，会黯然神伤，还会满腹怨气。然而，奇怪的是，这反而能让他们冷静下来。

这也许是因为他们已经太习惯于应对恐惧的反应了。

方法 4：反复操练，效果立现

面对敏感，我们除了反复挑战、尝试，别无他法。

然而也有这样一群人，他们无论如何都无法做出决定。他们想在今天做出决断，可是，无论如何都无法将想说的话说出口。

“现在还不行，还不是时候”——就在这样的循环往复中，“想说出口的”变成了“能说出口的”。

有一点我们必须考虑到，那就是能说出口一次，并不代表下次你还能像这样说出来。说得出一次却说不出第二次也大有可能。

要改变这种心理习惯所需要的付出可能要很多，并且想要一蹴而就的这种想法本身就不切实际。

当我们被不愉快的感觉所困扰时，我们应该在脑海里搜索这些不切实际的念头，并且拨乱反正。

这样做并不会给你带来什么损失，你也不会因为这样做而感到不舒服。这也是我们一开始就要设定的目标。

通过反复练习，就会有一定的效果，而且效果会越来越明显。

所以，我们有必要弄清楚自己哪些想法是合理的、哪些又是不切实际的，这也是一种理顺情绪的方法。

此外，我们还必须分辨出自己的痛苦究竟是心理问题所带来的，还是外部原因所带来的。

后记

人生实在艰难。

虽然情绪敏感的概念有点模糊，但如果从字面上理解，它意味着一个人的心理出了问题，或者说他有心病。

情绪敏感是“心理健康”的反面。如果说心理健康是“与现实接轨”，那么情绪敏感就是“与现实脱节”。

比如，前文中所解释的被害妄想便是如此。明明现实中对方并未对你加以指责，你却主观地认为自己被责备了。

被轻视妄想也是如此。明明在现实中对方并未轻视你，你却主观地认为自己被轻视了。

这些都可能会导致你陷入毫无理由的、严重的悲观主义情绪之中。

“情绪敏感”这个词颇有一些调侃的意味，但其含义却很严肃，因为这是现代人普遍存在的心理问题。

正如我在书中所写的那样，被害妄想是自恋人格在受伤后释放怒火的一种伪装，其本身呈现了一种心理出现问题的状态。又或者说，就情绪敏感群体而言，他们压制着自己的愤怒，佯装出一种不自然的开朗，而这种开朗又是空虚的。

最后，本书与《忧愁和焦虑》一书，在出版过程中得到了堀井纪公子女士的大力支持，我在此一并致以谢意。

版权声明